装饰装修工程工程量清单
分部分项计价与预算定额计价对照
实例详解

工程造价员网校 编

中国建筑工业出版社

图书在版编目(CIP)数据

装饰装修工程工程量清单分部分项计价与预算定额计价对照
实例详解／工程造价员网校编. —北京：中国建筑工业出版社，
2009
ISBN 978-7-112-10883-1

Ⅰ. 装… Ⅱ. 工… Ⅲ. ①建筑装饰－工程造价②建筑
装饰－建筑预算定额 Ⅳ. TU723.3

中国版本图书馆 CIP 数据核字(2009)第 050829 号

本书按照《全国统一建筑工程基础定额》的章节，结合《建设工程
工程量清单计价规范》(GB 50500—2008)中，"装饰装修工程工程量
清单项目及计算规则"，以一例一图一解的方式，对装饰装修工程各
分项的工程量计算方法作了较详细的解释说明。本书最大的特点是
实际操作性强，便于读者解决实际工作中经常遇到的难点。

* * *

责任编辑：刘 江 周世明
责任设计：董建平
责任校对：王雪竹 孟 楠

装饰装修工程工程量清单
分部分项计价与预算定额计价对照实例详解
工程造价员网校 编
*
中国建筑工业出版社出版、发行(北京西郊百万庄)
各地新华书店、建筑书店经销
北京华艺制版公司制版
北京同文印刷有限责任公司印刷
*
开本：787×1092 毫米 1/16 印张：17¼ 字数：430 千字
2009 年 7 月第一版 2011 年 9 月第三次印刷
印数：4201—5200 册 定价：**36.00 元**
ISBN 978-7-112-10883-1
(18129)

版权所有 翻印必究
如有印装质量问题，可寄本社退换
(邮政编码 100037)

编委会

主　编　张国栋

参　编　张　选　张书娥　陶国亮　陶伟军　陶小芳

　　　　　　张书玲　陈书森　陈亚男　陈亚儒　张根琴

　　　　　　王新州　王　伟　王　妮　张喜房

前　言

为了推动《建设工程工程量清单计价规范》(GB 50500—2008)的实施,帮助造价工作者提高实际操作水平,我们特组织编写此书。

本书按照《全国统一建筑工程基础定额》的章节编写,编写时参考《建设工程工程量清单计价规范》(GB 50500—2008)中"装饰装修工程工程量清单项目及计算规则",以实例阐述各分项工程的工程量计算方法,同时也简要说明了定额与清单的区别,其目的是帮助工作人员解决实际操作问题,提高工作效率。

本书与同类书相比,其显著特点是:

(1)内容全面,针对性强,且项目划分明细,以便读者有目标性的学习。

(2)实际操作性强,书中主要以实例说明实际操作中的有关问题及解决方法,便于提高读者的实际操作水平。

本书在编写过程中得到了许多同行的支持与帮助,借此表示感谢。由于编者水平有限和时间的限制,书中难免有错误和不妥之处,望广大读者批评指正。如有疑问,请登录 www.gclqd.com(工程量清单计价网);www.jbjsys.com(基本建设预算网);www.gczjg.com(工程造价员网校);发邮件至 dlwhgs@tom.com 与编者联系。

编　者

目 录

第一章　楼地面工程(B.1) ··· 1
第二章　墙柱面工程(B.2) ··· 55
第三章　天棚工程(B.3) ·· 115
第四章　门窗工程(B.4) ·· 132
第五章　油漆、涂料、裱糊工程(B.5) ·· 180
第六章　其他工程(B.6) ·· 253

第一章 楼地面工程(B.1)

【例1-1】 如图1-1所示,计算室内整体楼地面层工作量(作法:20mm厚水泥砂浆面层,100mm厚灰土垫层,150mm高水泥砂浆踢脚线)。

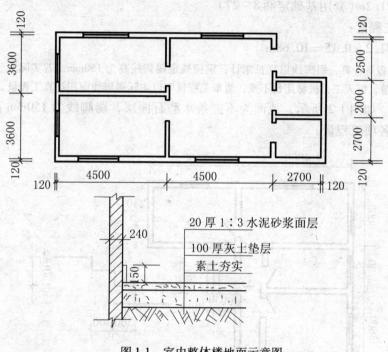

图1-1 室内整体楼地面示意图

【解】 (1)定额工程量:

工程量 = $(3.6-0.12\times2)\times(4.5-0.12\times2)\times2+(4.5-0.12\times2)\times(7.2-0.12\times2)$
$+(2.7-0.12\times2)\times(2.7-0.12\times2)+(2-0.12\times2)\times(2.7-0.12\times2)$
$=68.66m^2$(套用基础定额8-23)

(2)清单工程量:

清单工程量同定额工程量

清单工程量计算见下表:

清单工程量计算表

项目编码	项目名称	项目特征描述	计量单位	工程量
020101001001	水泥砂浆楼地面	20mm厚水泥砂浆面层,100mm厚灰土垫层,150mm高水泥砂浆踢脚线	m^2	68.66

注：整体面层计算，定额和清单计算规则相同。

【例1-2】 如图1-1所示，计算灰土垫层的工程量。

【解】 工程量 = 68.66×0.1 = 6.87m³(套用基础定额8-1)

注：垫层工程量按体积计算。

【例1-3】 如图1-1所示，计算踢脚线的工程量。

【解】 (1)定额工程量：

工程量 = (3.6 - 0.24 + 4.5 - 0.24)×2×2 + (4.5 - 0.24 + 7.2 - 0.24)×2 + (2.7 - 0.24 + 2.7 - 0.24)×2 + (2.7 - 0.24 + 2.0 - 0.24)×2
= 71.2m(套用基础定额8-27)

(2)清单工程量：

工程量 = 71.2×0.15 = 10.68m²

注：定额工程量计算，踢脚线以延长米计，定额规定踢脚线高为150mm，若实际大于150mm，则可以调整材料用量，但人工、机械用量不变；清单工程量则以实际踢脚线面积计算工程量。

【例1-4】 如图1-2所示，地面为不嵌条水磨石面层，踢脚线为150mm高的预制水磨石，请计算各项工程量。

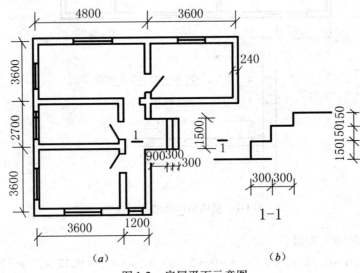

图1-2 房屋平面示意图
(a)平面图；(b)1-1剖面图

【解】 (1)水磨石地面工程量：

工程量 = (3.6 - 0.24)×(3.6 - 0.24)×2 + (3.6 - 0.24)×(2.7 - 0.24) + (3.6 - 0.24)×(4.8 - 0.24) + (6.3 - 0.24)×(1.2 - 0.24)
= 51.98m²(套用基础定额8-28)

注：定额与清单计算法则相同。

(2)踢脚线工程量：

1)定额工程量：

工程量 = (3.6 - 0.24 + 4.8 - 0.24)×2 + (3.6 - 0.24 + 3.6 - 0.24)×2×2 + (3.6 - 0.24 + 2.7 - 0.24)×2 + (1.2 - 0.24 + 6.3 - 0.24)×2

$= 68.40\text{m}$(套用基础定额 8-69)

2)清单工程量:

工程量 $= 68.4 \times 0.15 = 10.26\text{m}^2$,而清单工程量以实际踢脚线面积计算

注:定额中,成品踢脚线按实贴延长米计算。

(3)台阶面层工程量:

工程量 $= 1.5 \times (0.3 + 0.3 + 0.3) = 1.35\text{m}^2$(套用基础定额 8-35)

清单工程量计算见下表:

清单工程量计算表

项目编码	项目名称	项目特征描述	计量单位	工程量
020101002001	现浇水磨石楼地面	不嵌条水磨石面层	m²	51.98
020105003001	块料踢脚线	预制水磨石踢脚线,高 150mm	m²	10.26
020108004001	现浇水磨石台阶面	现浇水磨石台阶面层	m²	1.35

注:台阶工程量,定额与清单计算规则相同。

【例1-5】 如图1-3所示,求混凝土坡道水泥砂浆面层工程量。

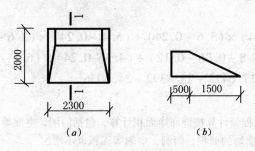

图 1-3 坡道示意图
(a)平面图;(b)剖面图

【解】 工程量 $= 2.3 \times 2.0 = 4.6\text{m}^2$(基础定额 8-44)

清单工程量计算见下表:

清单工程量计算表

项目编码	项目名称	项目特征描述	计量单位	工程量
020101001001	水泥砂浆楼地面	混凝土坡道水泥砂浆面层	m²	4.60

注:坡道工程量计算,定额和清单计算方法相同。

【例1-6】 如图1-4所示,室内面层为大理石,踢脚线也为大理石踢脚线,踢脚线高150mm,计算室内面层工程量。

【解】(1)面层工程量计算:

1)定额工程量:

工程量 $= (5.4 - 0.24) \times (3.6 - 0.24) + (5.4 - 0.24) \times (3.6 - 0.12 - 0.06) + (4.8 - $

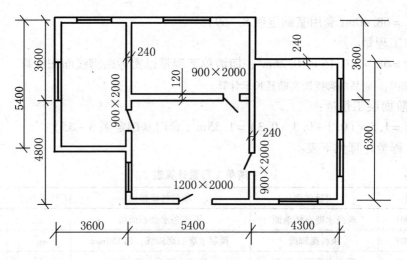

图1-4 房屋平面示意图

$0.12-0.06)\times(5.4-0.24)+(4.3-0.24)\times(6.3-0.24)+(0.9\times0.24)\times2+(0.9\times0.12)+1.2\times0.12(门洞)$

$=84.11m^2$(套用消耗量定额1-001)

2)清单工程量:

工程量 $=(5.4-0.24)\times(3.6-0.24)+(5.4-0.24)\times(3.6-0.06-0.12)+(5.4-0.24)\times(4.8-0.06-0.12)+(4.3-0.24)\times(6.3-0.24)$

$=17.3376+17.6472+23.8392+24.6036$

$=83.43m^2$

注:块料面层,定额工程量计算按饰面净面积计算,包括门洞、空圈等部分;清单工程量,按图示尺寸以面积计算,不扣除间壁墙的面积,门洞、空圈等面积也不增加。

(2)踢脚线工程量计算:

1)定额工程量:

工程量 $=[(5.4-0.24+3.6-0.24)\times2+(3.6-0.12-0.06+5.4-0.24)\times2+(5.4-0.24+4.8-0.12-0.06)\times2+(4.3-0.24+6.3-0.24)\times2]\times0.15$

$=11.10m^2$(套用消耗量定额:1-015)

2)清单工程量:与定额工程量相同。

若踢脚线为成品大理石踢脚线,则定额工程量为:

工程量 $=(5.4-0.24+3.6-0.24)\times2+(3.6-0.12-0.06+5.4-0.24)\times2+(5.4-0.24+4.8-0.12-0.06)\times2+(4.3-0.24+6.3-0.24)\times2$

$=74.00m$(套用消耗量定额1-023)

清单工程量 $=74\times0.15=11.10m^2$

清单工程量计算见下表:

清单工程量计算表

项目编码	项目名称	项目特征描述	计量单位	工程量
020102001001	石材楼地面	大理石面层	m²	83.43
020105003001	石材踢脚线	大理石踢脚线,高150mm	m²	11.10

注：成品踢脚线，定额工程量按延长米计算。

【例1-7】 如图1-5所示，求现浇水磨石楼梯面层工程量。

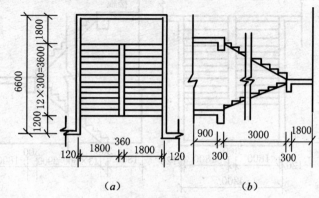

图1-5 楼梯示意图
(a)平面图；(b)立面图

【解】 (1)定额工程量：

工程量 = $(4.2-0.24)\times(6.6-0.24) = 25.19\text{m}^2$（套用基础定额8-33）

(2)清单工程量：与定额工程量计算规则相同。

清单工程量计算见下表：

清单工程量计算表

项目编码	项目名称	项目特征描述	计量单位	工程量
020106004001	现浇水磨石楼梯面层	现浇水磨石楼梯面层	m²	25.19

【例1-8】 如图1-5所示，若为大理石块料面层，试计算其工程量。

【解】 (1)定额工程量：

工程量 = $(4.2-0.24)\times(6.6-0.24) - (0.36\times3.6) = 23.89\text{m}^2$（套用消耗量定额1-027）

(2)清单工程量：

工程量 = $(4.2-0.24)\times(6.6-0.24) = 25.19\text{m}^2$

清单工程量计算见下表：

清单工程量计算表

项目编码	项目名称	项目特征描述	计量单位	工程量
020106001001	石材楼梯面层	大理石块料面层	m²	25.19

注：块料面层工程量计算中，定额工程量不包括大于500mm宽的楼梯井。

【例1-9】 如图1-6所示，求陶瓷地砖楼梯面层的工程量。

【解】 (1)定额工程量：

工程量 = $[2.1-0.12+3.9+0.3(梁宽)]\times(4.2-0.24) - (0.36\times3.9)$
     = 23.07m^2（套用消耗量定额1-071）

(2)清单工程量：

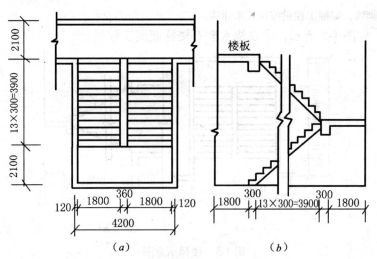

图 1-6 楼梯平、立面示意图
(a)平面图；(b)立面图

工程量 = $(2.1 - 0.12 + 3.9 + 0.3) \times (4.2 - 0.24) = 24.47 \text{m}^2$

清单工程量计算见下表：

清单工程量计算表

项目编码	项目名称	项目特征描述	计量单位	工程量
020106002001	块料楼梯面层	陶瓷地砖楼梯面层	m²	24.47

注：块料面层，定额要扣除大于 550mm 的楼梯井面积。

【例 1-10】 如图 1-7 所示，求地毯面层（单层固定）的工程量。

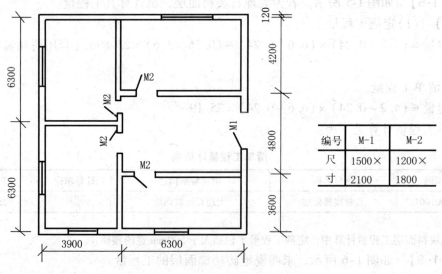

图 1-7 房屋平面示意图

【解】 (1)定额工程量：

工程量 = $(6.3 - 0.24) \times (3.9 - 0.24) \times 2 + (6.3 - 0.24) \times (4.2 - 0.24) + (6.3 - 0.24) \times$

$$(4.8-0.24)+(6.3-0.24)\times(3.6-0.24)+(1.5\times0.12)+(1.2\times0.24)\times4$$
$$=117.68m^2(套用消耗量定额1-118)$$

（2）清单工程量与定额工程量计算方法相同。

清单工程量计算见下表：

清单工程量计算表

项目编码	项目名称	项目特征描述	计量单位	工程量
020104001001	楼梯楼地面地毯	地毯面层，房间内地毯面层	m²	117.68

注：橡胶面层地毯，竹木地板，防静电活动地板，金属复合地板面层工程量的计算方法，定额与清单相同，均按设计图示尺寸以面积计算，包括门洞、空圈等开口部分的面积，但定额不扣除小于0.1m²的孔洞面积。

【例1-11】 如图1-8所示，求卫生间地面镶贴缸砖的面层工程量。

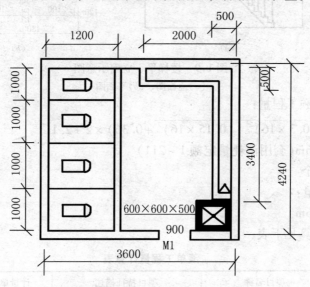

图1-8 卫生间平面示意图

【解】 （1）定额工程量：

工程量 $=(4.24-0.24)\times(3.6-0.24)-(0.6\times0.6)-(4\times1.2)-(2\times0.5)-(3.4-0.5)\times0.5+0.9\times0.12$

$=5.94m^2$（套用消耗量定额1-085）

（2）清单工程量：

工程量 $=(4.24-0.24)\times(3.6-0.24)-(0.6\times0.6)-(4\times1.2)-(2\times0.5)-(3.4-0.5)\times0.5$

$=5.83m^2$

清单工程量计算见下表：

清单工程量计算表

项目编码	项目名称	项目特征描述	计量单位	工程量
020102002001	块料楼地面	卫生间地面镶贴缸砖的面层	m²	5.83

注：定额工程量与清单工程量均扣除凸出地面的构筑物，但对块料面层，定额工程量包括门洞，空圈等面积，清单工程量中不包括。

【例1-12】 如图1-9所示，计算楼梯木扶手带铁栏杆工程量。

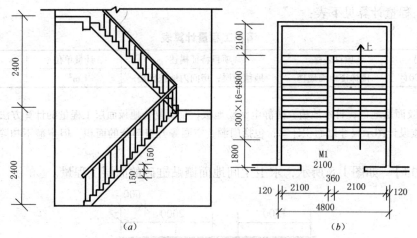

图1-9 楼梯平、立面示意图
(a)立面图；(b)平面图

【解】 (1)定额工程量：

工程量 = $(\sqrt{(0.3 \times 16)^2 + (0.15 \times 16)^2} + 0.36) \times 2 + 2.1$
     = 13.56m（套用消耗量定额1-211）

弯头个数 = 3 个

(2)清单工程量：

工程量 = 13.56m

清单工程量计算见下表：

清单工程量计算表

项目编码	项目名称	项目特征描述	计量单位	工程量
020107002001	硬木扶手带栏杆、栏板	楼梯木扶手带铁栏杆	m²	13.56

注：楼梯扶手工程量计算，清单与定额计算规则相同。

【例1-13】 楼梯贴大理石踢脚线高150mm，大样图如图1-10所示，试计算其工程量。

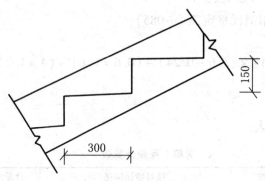

图1-10 楼梯大样图

【解】 (1)定额工程量:

工程量 = (楼梯水平投影长 × 1.15 + 休息平台踢脚线长) × 高度

梯段水平投影长 = 4.8 × 2 = 9.6m

休息平台踢脚线长 = (2.1 - 0.12) × 2 + (4.8 - 0.24) × 2 - 2.1 + (1.8 - 0.12) × 2
 = 14.34m

工程量 = (9.6 × 1.15 + 14.34) × 0.15 = 3.81m² (套用消耗量定额 1-019)

(2)清单工程量:

每一梯段斜长 = $\sqrt{4.8^2 + 2.4^2}$ = 5.37m

工程量 = [5.37 × 2 + (2.1 - 0.12) × 2 + (1.8 - 0.12) × 2 + (4.8 - 0.24) × 2 - 2.1] × 0.15
 = 3.76m²

清单工程量计算见下表:

清单工程量计算表

项目编码	项目名称	项目特征描述	计量单位	工程量
020105002001	石材踢脚线	楼梯贴大理石踢脚线高150mm	m²	3.76

注:楼梯踢脚线工程量计算,定额工程量为梯段水平长 × 1.15 计,清单工程量为图示长度(斜长)乘以高计。

【例1-14】 如图 1-11 所示,计算楼梯水泥砂浆面层的工程量。

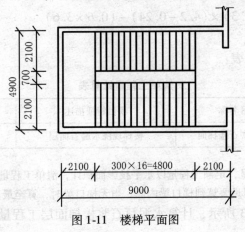

图 1-11 楼梯平面图

【解】 (1)定额工程量:

工程量 = (9 - 0.24) × (4.9 - 0.24) - (0.7 × 4.8)
 = 37.46m² (套用基础定额 8-24)

(2)清单工程量:

工程量 = (9 - 0.24) × (4.9 - 0.24) - (0.7 × 4.8) = 37.46m²

清单工程量计算见下表:

清单工程量计算表

项目编码	项目名称	项目特征描述	计量单位	工程量
020106003001	水泥砂浆楼梯面层	楼梯水泥砂浆面层	m²	37.46

【例1-15】 如图1-12所示,计算楼梯现浇水磨石面层工程量。

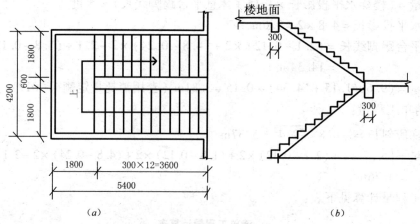

图1-12 楼梯平、立面图
(a)平面图;(b)立面图

【解】 (1)定额工程量:

$(1.8-0.12+3.6)\times(4.2-0.24)-(0.6\times3.6)$

$=18.75m^2$(套用基础定额8-33)

(2)清单工程量:

$(1.8-0.12+3.6+0.3)\times(4.2-0.24)-(0.6\times3.6)$

$=19.94m^2$

清单工程量计算见下表:

清单工程量计算表

项目编码	项目名称	项目特征描述	计量单位	工程量
020106004001	现浇水磨石楼梯面	楼梯现浇水磨石面层	m²	19.94

注:计算楼梯面层工程量,定额工程量以水平投影面积计,清单工程量也以水平投影面积计,但当楼与楼地面相连时,清单工程量要算到梯口梁内侧,当无梯口梁时,算至最上一层踏步边沿加300mm。

【例1-16】 如图1-13所示,计算水泥豆石浆楼梯面层工程量。

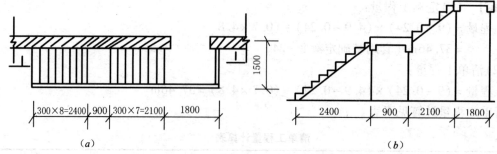

图1-13 单跑楼梯平、立面图
(a)平面图;(b)立面图

【解】 (1)定额工程量：

工程量 = (2.4 + 0.9 + 2.1 + 1.8) × 1.5 = 10.80m²

(套用基础定额 8-38)

(2)清单工程量：

工程量 = (2.4 + 0.9 + 2.1 + 1.8) × 1.5 = 10.80m²

清单工程量计算见下表：

清单工程量计算表

项目编码	项目名称	项目特征描述	计量单位	工程量
020106003001	水泥砂浆楼梯面	楼梯水泥豆石浆面层	m²	10.80

注：室外单跑楼梯无论面层为何，计算规则相同。

【例1-17】 如图1-14所示，屋面层为陶瓷地砖，踢脚线为160mm高的陶瓷地砖，试计算其工程量。(不包括厨房)

【解】 (1)面层工程量：

1)定额工程量：

工程量 = (3.6 - 0.24) × (3.6 - 0.24) × 2 + (3.6 - 0.12 - 0.06) × (3.6 - 0.24) + (2.4 - 0.06 - 0.12) × (3.6 - 0.24) + (3.6 - 0.24) × 2.4 + (3.6 - 0.24) × (1.2 + 2.4 - 0.24) + 2.4 × 2.4 + (1.2 - 0.24) × 2.4 + 1.8 × (2.4 - 0.24) + 0.9 × 0.24 × 4 + 0.9 × 0.12 + 1.2 × 0.12 - 0.2 × 0.12

= (70.6464 + 0.864 + 0.108 + 0.144 - 0.0288)m²

= 71.47m²(套用消耗量定额1-062)

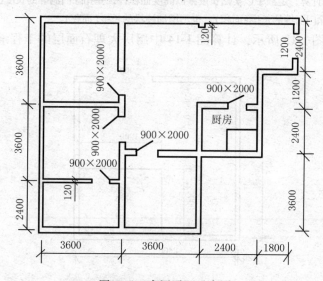

图1-14 房屋平面示意图

2)清单工程量：

工程量 = 室内地面面积 + 间隔墙面积

$$= 70.6464 + (3.6 - 0.24) \times 0.12$$
$$= 71.05 m^2$$

注：块料面层，定额工程量以饰面净面积计，包括，门洞口面积，并要扣除砖垛烟囱的面积；清单工程量不扣除间壁墙，砖垛等的面积，也不增加门洞等的面积，以设计图示尺寸计算。

(2) 踢脚线工程量

1) 定额工程量：

$$\text{工程量} = [(3.6-0.24+3.6-0.24) \times 2 \times 2 + (3.6-0.12-0.06+3.6-0.24) \times 2 +$$
$$(3.6-0.24+2.4-0.12-0.06) \times 2 + (3.6+2.4+1.8-0.24+2.4-0.24+$$
$$1.8+1.2+2.4+2.4+3.6-0.24+2.4+1.2+2.4-0.24) - (0.9 \times 2 \times 4 +$$
$$0.9 + 1.2) + 0.12 \times 2] \times 0.16$$
$$= (78.24 - 9.3 + 0.24) \times 0.16$$
$$= 11.07 m^2 （套用消耗量定额 1-069）$$

2) 清单工程量：

$$\text{工程量} = 图示设计长度 \times 高度$$
$$= 78.24 \times 0.16 = 12.52 m^2$$

清单工程量计算见下表：

清单工程量计算表

项目编码	项目名称	项目特征描述	计量单位	工程量
020102002001	块料楼地面	陶瓷地砖面层	m^2	71.05
020105003001	块料踢脚线	160mm 高的陶瓷地砖踢脚线	m^2	12.52

注：踢脚线工程量计算，定额中以实贴长度乘以高度面积计，要扣除门洞等的长度(面积)；清单中以设计长度乘以高度，不扣除门洞等的长度(面积)，也不增加柱垛的长度(面积)。

【例1-18】 如图1-15所示，计算图1-14中厨房大理石面层的工程量。

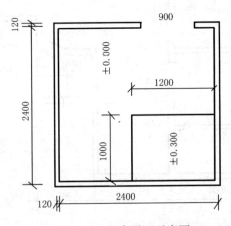

图1-15 厨房平面示意图

【解】 (1) 定额工程量：

$$\text{工程量} = (2.4-0.24) \times (2.4-0.24) - (1.2 \times 1) + 0.9 \times 0.12 = 3.57 m^2$$

(套用消耗量定额 1-003)

(2)清单工程量：

工程量 = $(2.4-0.24)\times(2.4-0.24)-(1.2\times1)$
       = $3.47m^2$

清单工程量计算见下表：

清单工程量计算表

项目编码	项目名称	项目特征描述	计量单位	工程量
020102001001	石材楼地面	厨房大理石面层	m^2	3.47

注：块料面层，当有凸起时，无论定额与清单，均扣除其凸起部分面积，定额工程量按实铺面积以平方米计算，门洞等部分面积并入其内；清单工程量计算，按图示尺寸以面积计算，门洞等开口部分不并入。

【例1-19】 如图1-16所示，计算其工程量。

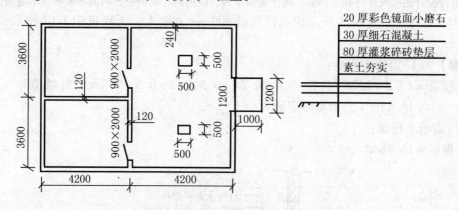

图1-16 房屋平面示意图

【解】
(1)定额工程量：按饰面净面积计算，扣除大于$0.1m^2$的孔洞面积

1)彩色镜面水磨石面层工程量：

工程量 = $(3.6-0.12-0.06)\times(4.2-0.12-0.06)\times2+(4.2-0.12-0.06)\times(7.2-0.24)-0.5\times0.5\times2+0.9\times0.12\times2+1.2\times0.12$
       = $55.34m^2$

或工程量 = $(7.2+0.24)\times(8.4+0.24)-(7.2+8.4)\times2\times0.24-(4.2-0.24+7.2-0.24)\times0.12+0.9\times0.12\times2+1.2\times0.12-0.5\times0.5\times2$
        = $55.34m^2$（套用消耗量定额1-060）

2)30厚细石混凝土找平层的工程量：

工程量 = $(7.2-0.24)\times(8.4-0.24)$
       = $56.79m^2$（套用基础定额8-21）

3)碎砖垫层工程量：

工程量 = $(7.2-0.24)\times(8.4-0.24)\times0.08$
       = $4.54m^3$（套用基础定额8-9）

(2)清单工程量:

工程量 $= (7.2 - 0.24) \times (8.4 - 0.24)$

$= 56.79 m^2$

清单工程量计算见下表:

清单工程量计算表

项目编码	项目名称	项目特征描述	计量单位	工程量
020102002001	块料楼地面	彩色镜面水磨石面层,20mm厚。30mm厚细石混凝土,80mm厚灌浆碎砖垫层	m^2	56.79

注:定额工程量按饰面面积计算,扣除大于 $0.1 m^2$ 的孔洞面积,并加上门洞等孔洞的面积;清单工程量计算按设计图示尺寸计算不扣除,间壁墙和 $0.3 m^2$ 以内的孔洞面积,门洞等面积也不增加。

【例1-20】 如图1-16所示建筑四周做500mm宽散水,大样见图1-17所示,求其工程量。

【解】 (1)定额工程量:

工程量 $= (7.2 + 0.24 + 0.5 + 8.4 + 0.24 + 0.5) \times 2 \times 0.5 - 1.2 \times 0.5$(坡道)

$= 16.48 m^2$(套用基础定额8-43)

(2)清单工程量:

工程量 $= 16.48 m^2$

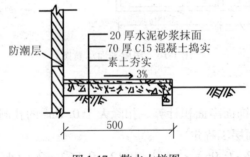

图1-17 散水大样图

清单工程量计算见下表:

清单工程量计算表

项目编码	项目名称	项目特征描述	计量单位	工程量
020109004001	水泥砂浆散水间	素土夯实,70mm厚C15混凝土捣实,20mm厚水泥砂浆抹面	m^2	16.48

注:散水计算时,清单工程量与定额工程量计算规则相同,为散水中心线长乘以散水宽以面积计。

【例1-21】 如图1-17所示建筑散水外,做排水明沟,其详图如图1-18所示,求其工程量。

【解】 (1)定额工程量:

工程量 $=7.2+0.24+(0.5+0.12+0.13\times2)\times2+8.4+0.24+(0.5+0.12+0.13\times2)\times2$

$=36.96m$（套用基础定额 8-42）

（2）清单工程量：

工程量 $=36.96m$

注：明沟工程量计算，定额和清单计算规则相同，以实际尺寸（明沟中心线长）以延长米计。

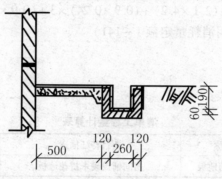

图 1-18 明沟详图

【例 1-22】 如图 1-19 所示，一水槽面层为镶贴陶瓷锦砖，试计算其工程量。

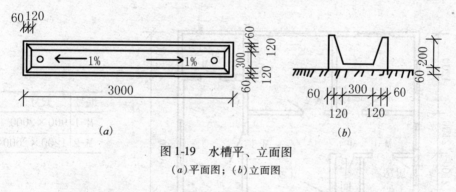

图 1-19 水槽平、立面图
（a）平面图；（b）立面图

【解】（1）定额工程量：

工程量 $=(3+0.66)\times2\times0.26$（外围）$+(3-0.06+0.66-0.06)\times2\times0.06$（边沿）$+(3-0.36)\times0.3$（底）$+\sqrt{0.12^2+0.2^2}\times(3-0.24+0.3+0.12)\times2$（斜面）

$=1.9+0.43+0.79+1.48$

$=4.60m^2$（套用消耗量定额 1-072）

（2）清单工程量：

工程量 $=4.60m^2$

清单工程量计算见下表：

清单工程量计算表

项目编码	项目名称	项目特征描述	计量单位	工程量
020109003001	块料零星项目	水槽面层镶贴陶瓷锦砖	m²	4.60

注：水槽属于零星项目，定额工程量计算规则为按实铺尺寸以面积计；清单工程量计算规则为按设计图示尺寸以面积计，两者计算规则相同。

【例1-23】 如图1-20所示，房间铺设硬木拼花地板粘贴在毛地板上（不包括厨房，卫生间和阳台），试计算其工程量。

【解】（1）定额工程量：

工程量 = (4.2 - 0.24) × (4.2 - 0.24) × 2 + (3.6 - 0.24) × (6.3 - 0.24) + (4.2 - 0.24) × (8.4 - 0.24) - (2.1 × 4.2) + (0.9 × 0.24) × 3 + (0.9 × 0.12) × 3 + 1.2 × 0.12

= 76.33m² （套用消耗量定额1-141）

(2) 清单工程量：

工程量 = 76.33m²

清单工程量计算见下表：

清单工程量计算表

项目编码	项目名称	项目特征描述	计量单位	工程量
020104003001	防静电活动地板	房间铺设硬木拼花地板	m²	76.33

注：木地板工程量计算规则，清单与定额相同，门洞开口等部分面积均并入相应的工程量内。

【例1-24】 如图1-20所示的厨房、卫生间和阳台铺贴陶瓷锦砖面层，试计算其工程量。

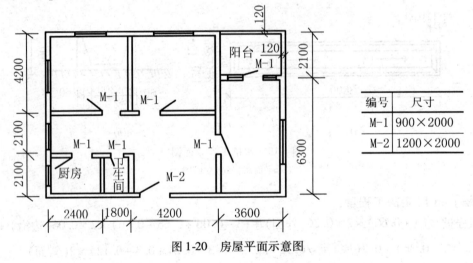

图1-20 房屋平面示意图

【解】（1）定额工程量：

工程量 = (2.4 - 0.24) × (2.1 - 0.24) + (1.8 - 0.24) × (2.1 - 0.24) + (3.6 - 0.12 - 0.06) × (2.1 - 0.12 - 0.06) + (0.9 × 0.12) × 3

= 13.81m² （套用消耗量定额1-091）

(2) 清单工程量：

工程量 = (2.4 - 0.24) × (2.1 - 0.24) + (1.8 - 0.24) × (2.1 - 0.24) + (3.6 - 0.12 - 0.06) × (2.1 - 0.12 - 0.06)

= 13.49m²

清单工程量计算见下表：

清单工程量计算表

项目编码	项目名称	项目特征描述	计量单位	工程量
020102002001	块料楼地面	厨房、卫生间和阳台铺贴陶瓷锦砖面层	m²	13.49

注：块料面层，定额工程量包括门洞，开口梁等部位的面积，清单工程量不包括门洞、空圈的面积，但壁间墙所占面积也不扣除。

【例1-25】 如图1-20所示，踢脚线为150mm高成品木踢脚线，试计算其工程量。

【解】 (1)定额工程量：

工程量 = $(4.2 - 0.24 + 4.2 - 0.24) \times 2 \times 2 + (3.6 - 0.24 + 6.3 - 0.24) \times 2 + (4.2 - 0.24 + 8.4 - 0.24) \times 2 - 0.9 \times 6 - 1.2$

= 65.46m(套用消耗量定额1-158)

(2)清单工程量：

工程量 = $65.46 \times 0.15 = 9.82 m^2$

清单工程量计算见下表：

清单工程量计算表

项目编码	项目名称	项目特征描述	计量单位	工程量
020105006001	木质踢脚线	150mm高成品木踢脚线	m²	9.82

注：成品踢脚线，定额工程量以实贴延长米计，清单工程量以平方米计。

项目编码：020101001 项目名称：水泥砂浆楼地面

【例1-26】 如图1-21所示，地面为水泥砂浆楼地面，试计算其工程量。

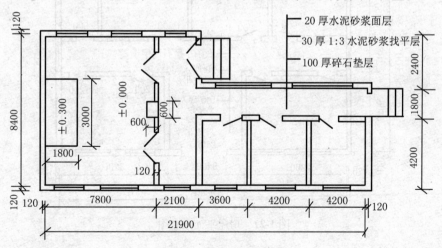

图1-21 房屋平面示意图

【解】 (1)清单工程量：

工程量 = $(4.2 - 0.24) \times (4.2 - 0.24) \times 2 + (3.6 - 0.24) \times (4.2 - 0.24) + (1.8 - 0.24) \times$

$(3.6+4.2+4.2)+(9.9-0.24-0.12)\times(8.4-0.24)-(1.8\times3)(平台)-[(0.6\times(0.6-0.12)](柱)$

$=31.3632+13.3056+18.72+77.8464-5.4-0.288$

$=135.55m^2$

(2) 定额工程量：

1) 水泥砂浆面层工程量 $=135.55m^2$ (套用基础定额 8-23)

2) 细石混凝土找平层工程量 $=135.55m^2$ (套用基础定额 8-21)

3) 碎石垫层工程量 $=135.55\times0.1=13.56m^3$ (套用基础定额 8-10)

清单工程量计算见下表：

清单工程量计算表

项目编码	项目名称	项目特征描述	计量单位	工程量
020101001001	水泥砂浆楼地面	100mm 厚碎石垫层，30mm 厚 1:3 水泥砂浆找平层，20mm 厚水泥砂浆面层	m^2	135.55

注：整体面层，清单与定额计算规则相同。

项目编码：020101002 **项目名称：现浇水磨石楼地面**

【例 1-27】 如图 1-22 所示，试计算水磨石面层的工程量。

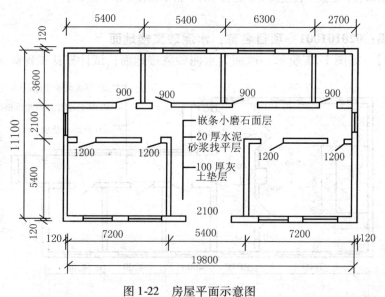

图 1-22 房屋平面示意图

【解】 (1) 清单工程量：

工程量 $=199.38m^2$

清单工程量计算见下表：

清单工程量计算表

项目编码	项目名称	项目特征描述	计量单位	工程量
020101002001	现浇水磨石楼地面	水磨石面层，100mm 厚灰土垫层，20mm 厚水泥砂浆找平层，嵌条小磨石面层	m²	199.38

(2) 定额工程量：

1) 面层

工程量 = $(5.4-0.24) \times (3.6-0.24) \times 2 + (6.3-0.24) \times (3.6-0.24) + (2.7-0.24) \times (3.6-0.24) + (19.8-0.24) \times (2.1-0.24) + (5.4-0.24) \times (7.2-0.24) \times 2 + (5.4-0.24) \times 5.4 + (0.24 \times 0.9) \times 4 + (0.24 \times 1.2) \times 4 + 2.1 \times 0.12$

= 201.65m²（套用消耗量定额 1-058）

注：在整体面层中，水磨石执行消耗量定额，加门洞尺寸。

2) 找平层工程量 = 201.65m²

3) 垫层工程量 = 20.12m³

项目编码：020101003　项目名称：细石混凝土楼地面

【例 1-28】 如图 1-23 所示，试计算细石混凝土楼地面的工程量。

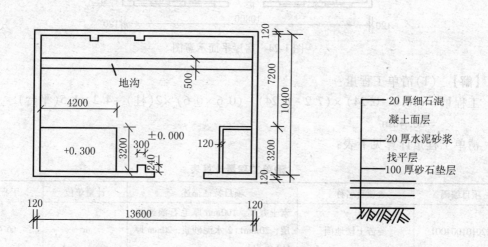

图 1-23　房屋平面示意图

【解】 (1) 清单工程量：

工程量 = $(13.6-0.24) \times (10.4-0.24) - (4.2 \times 3.2)(平台) - (13.6-0.24) \times 0.5$（地沟）

= 135.74 - 13.44 - 6.68

= 115.62m²

清单工程量计算见下表：

清单工程量计算表

项目编码	项目名称	项目特征描述	计量单位	工程量
020101003001	细石混凝土楼地面	100mm厚砂石垫层，20mm厚水泥砂浆找平层，20mm厚细石混凝土面层	m²	115.62

(2) 定额工程量：

1) 面层工程量 = 115.62m²（套用基础定额 8-23）

2) 找平层工程量 = 115.62m²（套用基础定额 8-18）

3) 垫层工程量 = 115.62 × 0.1 = 11.56m³（套用基础定额 8-4）

项目编码：020101004 项目名称：菱苦土楼地面

【例1-29】 如图1-24所示，计算菱苦土楼地面工程量。

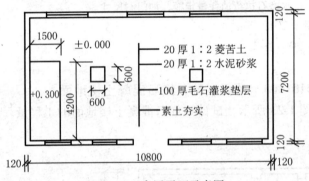

图1-24 房屋平面示意图

【解】 (1) 清单工程量：

工程量 = (10.8 - 0.24) × (7.2 - 0.24) - (0.6 × 0.6) × 2(柱) - 4.2 × 1.5(平台)
       = 66.48m²

清单工程量计算见下表：

清单工程量计算表

项目编码	项目名称	项目特征描述	计量单位	工程量
020101004001	菱苦土楼地面	素土夯实，100mm厚毛石灌浆垫层，20mm 1:2水泥砂浆，20mm厚1:2菱苦土	m²	66.48

(2) 定额工程量：

1) 菱苦土面层工程量 = 66.48m²（套用基础定额 8-45）

2) 水泥砂浆找平层工程量 = 66.48m²（套用基础定额 8-18）

3) 毛石灌浆垫层工程量 = 66.48 × 0.1 = 6.65m³（套用基础定额 8-7）

项目编码：020102001 项目名称：石材楼地面

【例1-30】 如图1-25所示，试计算大理石楼地面工程量。

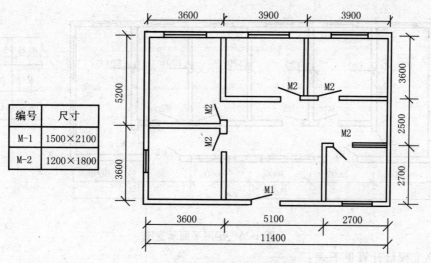

图 1-25 房屋平面示意图

【解】 (1)清单工程量：

工程量 = $(3.6-0.24)\times(5.2-0.24)+(3.6-0.24)\times(3.6-0.24)+(3.9-0.24)$
$\times(3.6-0.24)\times 2+(2.7-0.24)\times(2.7-0.24)+(5.1+2.7-0.24)\times$
$(2.7+2.5-0.24)-(2.7\times 2.7)$
= 16.67 + 11.29 + 24.60 + 6.05 + 37.5 - 7.29
= 88.81 m^2

清单工程量计算见下表：

清单工程量计算表

项目编码	项目名称	项目特征描述	计量单位	工程量
020102001001	石材楼地面	大理石楼地面	m^2	88.81

(2)定额工程量：

工程量 = 室内面积 + 门洞面积

1)室内面积 = 88.81 m^2

2)门洞面积 = $1.2\times 0.24\times 5+1.5\times 0.24$
= 1.44 + 0.36
= 1.80 m^2

大理石面层工程量 = 88.81 + 1.8 = 90.61 m^2（套用消耗量定额 1-003）

【例 1-31】 如图 1-26 所示，房屋地面面层为单色周长 3200mm 的花岗岩，计算面层的工程量。

【解】 (1)清单工程量：

工程量 = $(3.6-0.24)\times(6.3-0.24)\times 2+(3.6\times 4+0.12)\times(4.2-0.24)+(3.6\times 4$
$-0.24)\times(2.1-0.24)$
= 40.72 + 57.50 + 26.34
= 124.56 m^2

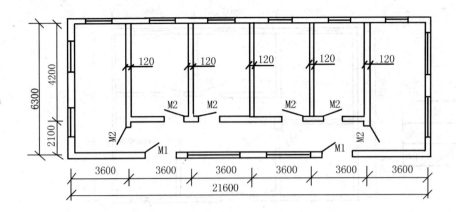

图 1-26 房屋平面示意图

清单工程量计算见下表:

清单工程量计算表

项目编码	项目名称	项目特征描述	计量单位	工程量
020102001001	石材楼地面	单色周长 3200mm 花岗石面层	m^2	122.18

(2)定额工程量:

工程量 = 室内面积 - 间壁墙面积 + 门洞面积

1) 室内面积 = 124.56m^2

2) 间壁墙面积 = (4.2 - 0.24) × 0.12 × 5
        = 2.38m^2

3) 门洞口面积 = (1.8 × 0.24) × 2 + (1.2 × 0.24) × 6
        = 0.432 + 1.728
        = 2.16m^2

工程量 = 124.56 - 2.38 + 2.16 = 124.34m^2(套用消耗量定额 1 - 008)

注:石材等块料面层,清单工程量按设计图示尺寸以面积计算不扣除间壁墙和 0.3m^2 以内柱、垛等的面积,门洞、空圈等开口部分面积也不增加,扣除凸出地面的构筑物,设备基础,室内铁道等的面积;定额工程量按饰面的净面积计算,不扣除 0.1m^2 以内孔洞面积,扣除间壁墙等所占面积,门洞等开口部分面积也并入工程量内计算。

项目编码:020102002 项目名称:块料楼地面

【例 1-32】 如图 1-27 所示为计算一酒店大厅,大厅地面面层为幻影玻璃地砖,平台面层为人造大理石面层,服务员休息室内地面面层为陶瓷地砖,试计算大厅和休息室的面层工程量。(不包括楼梯间)

【解】 (1)清单工程量:

1) 玻璃地砖工程量 = 大厅面积 - 平台面积

①大厅面积 = (19.8 - 0.24) × (6.3 + 0.3 + 2.1 - 0.12)
      = 167.82m^2

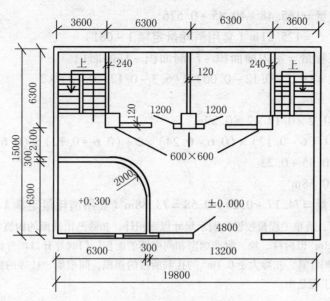

图 1-27 房屋平面示意图

②平台面积 $= (6.3+0.3-0.12) \times (6.3+0.3-0.12) - (2+0.3) \times (2+0.3) + \frac{1}{4} \times$

$\pi \times (2+0.3)^2$

$= 41.99 - 5.29 + 4.15$

$= 40.85 \text{m}^2$

玻璃地砖工程量 $= 167.82 - 40.85 = 126.97 \text{m}^2$

2)陶瓷地砖工程量 = 室内面积 - 柱所占面积

①室内面积 $= (6.3+6.3-0.24) \times (6.3-0.12)$

$= 76.38 \text{m}^2$

②柱所占面积 $= 0.6 \times 0.6 = 0.36 \text{m}^2$

∵ 边柱面积 $= (0.6-0.24) \times 0.6 = 0.216 < 0.3 \text{m}^2$,

∴ 不扣除边柱面积。

陶瓷地砖工程量 $= 76.38 - 0.36 = 76.02 \text{m}^2$

清单工程量计算见下表:

清单工程量计算表

项目编码	项目名称	项目特征描述	计量单位	工程量
020102002001	块料楼地面	玻璃地砖层	m²	126.97
020102002002	块料楼地面	陶瓷地砖面层	m²	76.02

(2)定额工程量:

1)玻璃地砖工程量 = 大厅面积 - 平台面积 + 门洞面积

①大厅面积 $= (19.8-0.24) \times (6.3+0.3+2.1-0.12-0.06) = 165.48 \text{m}^2$

②平台面积 $= 40.85 \text{m}^2$

③门洞面积 $= 4.8 \times 0.24 = 1.15 \text{m}^2$

玻璃地砖工程量 = 165.48 - 40.85 + 0.576
　　　　　　　 = 125.21m² (套用消耗量定额 1-081)

2) 陶瓷地砖工程量 = 室内净面积 + 门洞面积 - 柱的面积

① 室内净面积 = (6.3 - 0.12 - 0.06) × (6.3 - 0.12 - 0.12) × 2
　　　　　　 = 74.17m²

② 门洞面积 = 1.2 × 0.12 × 2 = 0.29m²

③ 柱的面积 = (0.6 - 0.12) × (0.6 - 0.24) × 2 + (0.6 - 0.12) × (0.6 - 0.12)
　　　　　 = 0.35 + 0.23
　　　　　 = 0.58m²

陶瓷地砖工程量 = 74.17 + 0.29 - 0.58 = 73.88m² (套用消耗量定额 1-067)

注：块料楼地面，清单工程量按设计图示尺寸以面积计，扣除凸出地面的构筑物，设备基础，地沟等的面积，不扣除 0.3m² 以内柱、垛、附墙烟囱和间壁墙的面积，门洞等开口部分面积也不增加。定额工程量按饰面的净面积计算，扣除大于 0.1m² 的孔洞所占的面积，间壁墙、柱等的面积要扣除，门洞面积要并入相应的定额工程量中。

项目编码：020103001　　**项目名称：橡胶板楼地面**

【例1-33】　如图1-28所示，地面面层为橡胶板，试计算其工程量。

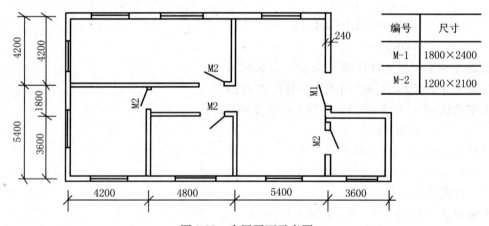

图 1-28　房屋平面示意图

【解】　(1) 清单工程量：

工程量 = 室内面积 + 门洞面积

1) 室内面积 = (4.2 - 0.24) × (9 - 0.24) + (5.4 - 0.24) × (4.2 - 0.24) + (4.8 - 0.24) × (3.6 - 0.24) + 4.8 × (1.8 - 0.24) + (9.6 - 0.24) × (5.4 - 0.24) + (3.6 - 0.24) × (3.6 - 0.24)
　　　　 = 34.69 + 20.43 + 15.32 + 7.49 + 48.3 + 11.29
　　　　 = 137.52m²

2) 门洞面积 = 1.8 × 0.24 + 1.2 × 0.24 × 4
　　　　　 = 0.432 + 1.152
　　　　　 = 1.58m²

工程量 = 137.52 + 1.58 = 139.10m²
清单工程量计算见下表：

清单工程量计算表

项目编码	项目名称	项目特征描述	计量单位	工程量
020103001001	橡胶板楼地面	橡胶板楼地面	m²	139.10

（2）定额工程量：
工程量 = 室内面积 + 门洞面积
1）室内面积 = 137.52m²
2）门洞面积 = 1.58m²
工程量 = 139.10m²（套用消耗量定额 1 – 114）

项目编码：020103002　项目名称：橡胶卷材楼地面

【例1-34】 如图1-29所示，地面面层为橡胶板，计算其工程量。

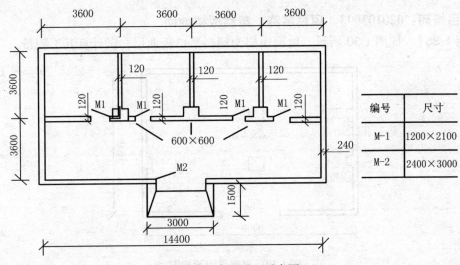

图1-29　房屋平面示意图

【解】 （1）清单工程量：
工程量 = 室内面积 + 门洞面积
1）室内地面面积 = (14.4 – 0.24) × (3.6 – 0.12 – 0.06) + (3.6 – 0.12 – 0.06) × (3.6 – 0.12 – 0.06) × 2 + (3.6 – 0.12) × (3.6 – 0.12 – 0.06) × 2
　　　　　　　　 = 48.43 + 23.39 + 23.80
　　　　　　　　 = 95.62m²
2）门洞面积 = 1.2 × 0.12 × 4 + 2.4 × 0.24
　　　　　　 = 1.15m²
工程量 = 95.62 + 1.152 = 96.77m²
清单工程量计算见下表：

清单工程量计算表

项目编码	项目名称	项目特征描述	计量单位	工程量
020103002001	橡胶卷材楼地面	橡胶板面层	m²	97.19

(2)定额工程量：

工程量 = 室内地面面积 + 门洞面积 − 柱所占面积

1)室内地面面积 = 95.62m²

2)门洞面积 = 1.15m²

3)柱所占面积 = (0.6 − 0.12) × (0.6 − 0.12) × 3
              = 0.23 × 3 = 0.69m²

∵ (0.6 − 0.12) × (0.3 − 0.06) = 0.1152m² > 0.1m²

∴ 工程量 = 95.62 + 1.15 − 0.69 = 96.08m²（套用消耗量定额 1 − 114）

注：橡塑面层，清单工程量按设计图示尺寸以面积计，门洞空圈等开口部分并入相应的工程量内，定额工程量按饰面净面积计，包括门洞、空圈的面积，扣除大于 0.1m² 的孔洞的面积。

项目编码：020103003   项目名称：塑料板楼地面

【例1-35】 如图1-30所示，地面面层为塑料平口板面层，试计算其工程量。

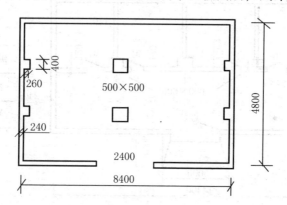

图 1-30 房屋平面示意图

【解】 (1)清单工程量：

工程量 = 室内地面面积 + 门洞面积

∵ 柱面积为 0.5 × 0.5 = 0.25m² < 0.3m²,

∴ 不扣除柱所占面积。

1)室内地面面积 = (8.4 − 0.24) × (4.8 − 0.24)
              = 37.21m²

2)门洞面积 = 2.4 × 0.24 = 0.58m²

工程量 = 37.21 + 0.58 = 37.79m²

清单工程量计算见下表：

清单工程量计算表

项目编码	项目名称	项目特征描述	计量单位	工程量
020103003001	塑料板楼地面	塑料板地面面层	m²	37.79

(2)定额工程量:

工程量 = 室内地面面积 + 门洞面积 − 柱所占面积 − 墙垛所占面积

1)室内地面面积 = 37.21m²

2)门洞面积 = 0.58m²

3)柱所占面积 = 0.5 × 0.5 × 2 = 0.5m²

4)墙垛所占面积 = 0.26 × 0.4 × 4 = 0.42m²

工程量 = 37.21 + 0.58 − 0.5 − 0.42

= 36.87m²(套用消耗量定额 1 − 111)

注:橡塑面层,清单工程量,按图示尺寸以面积计算,不扣除 0.3m² 以内的孔洞面积,门洞等开口部分面积并入相应工程量内;定额工程量按饰面净面积计算,扣除大于 0.1m² 的孔洞面积,门洞面积并入相应工程量内。

项目编码:020103004　项目名称:塑料卷材楼地面

【例 1-36】 如图 1-31 所示,地面面层为塑料卷材,试计算其工程量。

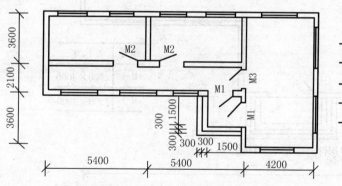

图 1-31 房屋平面示意图

【解】 (1)清单工程量:

工程量 = 室内地面面积 + 门洞面积

1)室内地面面积 = (3.6 − 0.24) × (5.4 − 0.24) × 2 + (4.2 − 0.24) × (9.3 − 0.24) +

(10.8 − 0.24) × (2.1 − 0.24)

= 34.68 + 35.88 + 19.64

= 90.20m²

2)门洞面积 = (2.1 × 0.24) × 2 + (1.2 × 0.24) × 2 + (1.5 × 0.24)

= 1.94m²

工程量 = 90.20 + 1.94 = 92.14m²

清单工程量计算见下表:

清单工程量计算表

项目编码	项目名称	项目特征描述	计量单位	工程量
020103004001	塑料卷材楼地面	地面面层为塑料卷材	m²	92.14

（2）定额工程量：

工程量 = 室内地面面积 + 门洞面积

1）室内地面面积 = 90.20m²

2）门洞面积 = 1.94m²

工程量 = 90.20 + 1.94 = 92.14m²（套用消耗量定额 1 - 113）

项目编号：020104001　项目名称：楼地面地毯

【例 1-37】 如图 1-32 所示，房屋地面为不固定的羊毛地毯，求其工程量。

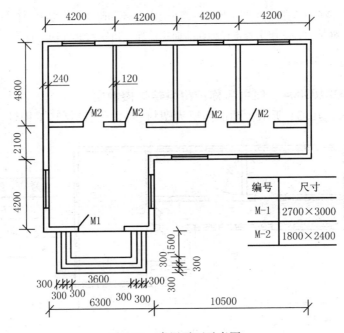

图 1-32　房屋平面示意图

【解】 （1）清单工程量：

工程量 = 室内地面面积 + 门洞面积

1）室内地面面积 = (4.2 - 0.12 - 0.06) × (4.8 - 0.24) × 2 + (4.2 - 0.12) × (4.8 - 0.24)

　　　　× 2 + (4.2 + 2.1 - 0.24) × (6.3 - 0.24) + (2.1 - 0.24) × 10.5

　　　　= 36.66 + 37.21 + 36.72 + 19.53

　　　　= 130.12m²

2）门洞面积 = (2.7 × 0.24) + (1.8 × 0.24) × 4

　　　　= 2.38m²

工程量 = 130.12 + 2.38 = 132.50m²

清单工程量计算见下表：

清单工程量计算表

项目编码	项目名称	项目特征描述	计量单位	工程量
020104001001	楼地面地毯	不固定的羊毛地毯面层	m²	130.86

(2)定额工程量：

工程量 = 室内地面面积 + 门洞面积

1)室内地面面积 = 128.48m²

2)门洞面积 = 2.38m²

工程量 = 128.48 + 2.38 = 130.86m²(套用消耗量定额1 – 117)

项目编号：020104002　项目名称：竹木地板

【例1-38】 如图1-33所示，房屋为铺在木楞上的企口硬木不拼花地板，求其工程量(不包括楼梯)。

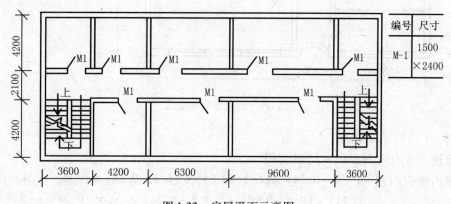

图1-33　房屋平面示意图

【解】 (1)清单工程量：

工程量 = 室内地面面积 + 门洞面积

1)室内地面面积 = (3.6 − 0.24) × (4.2 − 0.24) × 2 + (4.2 − 0.24) × (4.2 − 0.24) × 2 +
(6.3 − 0.24) × (4.2 − 0.24) × 2 + (9.6 − 0.24) × (4.2 − 0.24) × 2 +
(3.6 + 4.2 + 6.3 + 9.6 + 3.6 − 0.24) × (2.1 − 0.24)

= 26.61 + 31.36 + 48 + 74.13 + 50.33

= 230.43m²

2)门洞面积 = 1.5 × 0.24 × 8 = 2.88m²

工程量 = 230.43 + 2.88 = 233.31m²

清单工程量计算见下表：

清单工程量计算表

项目编码	项目名称	项目特征描述	计量单位	工程量
020104002001	竹木地板	企口硬木不拼花地板	m²	182.98

(2)定额工程量：

工程量 = 室内地面面积 + 门洞面积

1) 室内地面面积 = 230.43m²
2) 门洞面积 = 2.88m²
工程量 = 230.43 + 2.88 = 233.31m²
(套用消耗量定额 1 - 134)

项目编码：020104003　　项目名称：防静电活动地板

【例1-39】　如图1-34所示，地面面层为木质防静电活动地板，求其工程量。

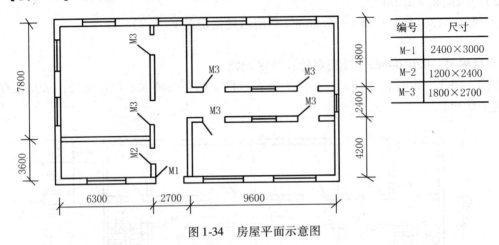

图1-34　房屋平面示意图

【解】　(1)清单工程量：
工程量 = 室内地面面积 + 门洞面积
1) 室内地面面积 = (7.8 - 0.24) × (6.3 - 0.24) + (6.3 - 0.24) × (3.6 - 0.24) + (4.8 - 0.24) × (9.6 - 0.24) + (4.2 - 0.24) × (9.6 - 0.24) + (2.7 - 0.24) × (11.4 - 0.24) + (2.4 - 0.24) × 9.6
= 45.81 + 20.36 + 42.68 + 37.07 + 27.45 + 20.74
= 194.11m²
2) 门洞面积 = (2.4 × 0.24) + (1.2 × 0.24) + (1.8 × 0.24) × 6
= 3.46m²
工程量 = 194.11 + 3.46 = 197.57m²
清单工程量计算见下表：

清单工程量计算表

项目编码	项目名称	项目特征描述	计量单位	工程量
020104003001	防静电活动地板	地面面层为木质防静电活动地板	m²	197.57

(2)定额工程量：
工程量 = 室内地面面积 + 门洞面积
1) 室内地面面积 = 194.11m²
2) 门洞面积 = 3.46m²
工程量 = 194.11 + 3.46 = 197.57m²(套用消耗量定额 1 - 166)

项目编码：020104004　　项目名称：金属分地板

【例1-40】 如图1-35所示，一房屋地面为钛金不锈钢复合地砖，试计算其工程量。

【解】 (1)清单工程量：

工程量 = 地面面积 + 门洞面积

1)室内地面面积 = $(6.3 - 0.24) \times (9.6 - 0.24) + (4.8 - 0.24) \times 6.3 + (4.8 - 0.24)$
$\times (6.3 - 0.24) + (3.9 - 0.24) \times (4.8 - 0.24)$
$= 56.72 + 28.73 + 27.63 + 16.69$
$= 129.77 m^2$

2)门洞面积 = $3 \times 0.24 \times 2 + 2.4 \times 0.24 + 1.8 \times 0.24 \times 2$
$= 2.88 m^2$

工程量 = 129.77 + 2.88 = 132.65m^2

清单工程量计算见下表：

清单工程量计算表

项目编码	项目名称	项目特征描述	计量单位	工程量
020104004001	金属复合地板	房屋地面为钛金不锈钢复合地砖	m²	132.65

(2)定额工程量：

因为墙垛面积 $0.12 \times 0.24 m^2 = 0.0288 m^2 < 0.1 m^2$，所以不扣除墙垛面积。

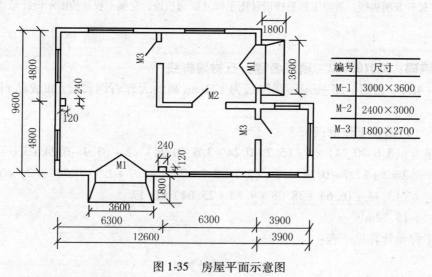

图1-35 房屋平面示意图

工程量 = 室内地面面积 + 门洞面积

1)室内地面面积 = 129.77m^2

2)门洞面积 = 2.88m^2

工程量 = 129.77 + 2.88 = 132.65m^2（套用消耗量定额1－171）

项目编码：020105001　　项目名称：水泥砂浆踢脚线

【例 1-41】 如图 1-21 所示，室内踢脚线为 150mm 高的水泥砂浆踢脚线，如图 1-36 所示，请计算其工程量。

【解】（1）清单工程量：

工程量 = [(8.4 − 0.24 + 7.8 − 0.12 − 0.06) × 2 + (8.4 − 0.24 + 2.1 − 0.12 − 0.06) × 2 + (3.6 − 0.24 + 4.2 − 0.24) × 2 + (4.2 − 0.24) × 4 × 2 + (3.6 + 4.2 + 4.2) × 2 − 1.8] × 0.15

= (31.56 + 20.16 + 14.64 + 31.68 + 24 − 1.8) × 0.15

= 18.04m²

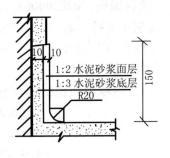

图 1-36　踢脚线详图

清单工程量计算见下表：

清单工程量计算表

项目编码	项目名称	项目特征描述	计量单位	工程量
020105001001	水泥砂浆踢脚线	150mm 高的水泥砂浆踢脚线	m²	18.04

(2) 定额工程量：

工程量 = 31.56 + 20.16 + 14.64 + 31.68 + 24 − 1.8

= 120.24m（套用基础定额 8 − 27）

注：水泥砂浆踢脚线，清单工程量按设计图示尺寸以面积计，定额工程量按图示设计尺寸以延长米计。

项目编码：020105002　项目名称：石材踢脚线

【例 1-42】 如图 1-25 所示，踢脚线为 170mm 高的大理石踢脚线（非成品）计算其工程量。

【解】（1）清单工程量：

工程量 = [(3.6 − 0.24) × 4 + (5.2 − 0.24 + 3.6 − 0.24) × 2 + (3.9 − 0.24 + 3.6 − 0.24) × 2 × 2 + (2.7 − 0.24) × 4 + (5.1 + 2.7 − 0.24 + 2.7 + 2.5 − 0.24) × 2] × 0.17m²

= (13.44 + 16.64 + 28.08 + 9.84 + 25.04) × 0.17

= 15.82m²

清单工程量计算见下表：

清单工程量计算表

项目编码	项目名称	项目特征描述	计量单位	工程量
020105002001	石材踢脚线	170mm 高的大理石踢脚线（非成品）	m²	15.82

(2) 定额工程量：

工程量 = (室内设计长度 − 门洞尺寸) × 高度

1) 室内设计长度 = 93.04m

2)门洞尺寸 $= 1.2 \times 2 \times 5 + 1.5 = 13.50\text{m}$

工程量 $= (93.04 - 13.50) \times 0.17 = 13.52\text{m}^2$（套用消耗量定额 1-105）

注：石材块料踢脚线，清单工程量按图示设计尺寸以面积计算，不扣除门洞尺寸；定额工程量按实贴长乘以高平方米计算，扣除门洞尺寸，成品踢脚线按实贴延长米计。

项目编码：020105003　项目名称：块料踢脚线

项目编码：020102002　项目名称：块料楼地面

【例1-43】 如图1-37所示，室内地面面层为陶瓷锦砖，踢脚线150mm高的陶瓷锦砖踢脚线（非成品），计算地面面层的工程量。

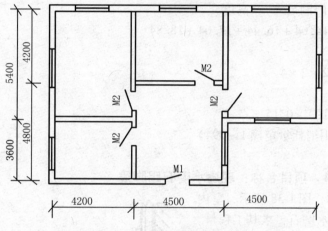

图1-37　房屋平面示意图

【解】 (1)清单工程量：

工程量 = 室内地面面积

$= (5.4 - 0.24) \times (4.2 - 0.24) + (3.6 - 0.24) \times (4.2 - 0.24) + (4.2 - 0.24) \times$

$(4.5 - 0.24) + (4.8 - 0.24) \times (4.5 - 0.24) + (5.4 - 0.24) \times (4.5 - 0.24)$

$= 20.43 + 13.31 + 16.87 + 19.43 + 21.98$

$= 92.02\text{m}^2$

(2)定额工程量：

工程量 = 室内地面面积 + 门洞面积

1)室内地面面积 $= 92.02\text{m}^2$

2)门洞面积 $= 1.5 \times 0.24 + 1.2 \times 0.24 \times 4$

$= 1.51\text{m}^2$

工程量 $= 92.02 + 1.51 = 93.53\text{m}^2$（套用消耗量定额 1-091）

【例1-44】 如图1-37所示，计算其踢脚线工程量。

【解】 (1)清单工程量：

工程量 = 设计长度 × 高度

$= [(5.4 - 0.24 + 4.2 - 0.24) \times 2 + (3.6 - 0.24 + 4.2 - 0.24) \times 2 + (4.2 - 0.24 +$

$4.5-0.24)\times2+(4.8-0.24+4.5-0.24)\times2+(5.4-0.24+4.5-0.24)\times2]$
$\times0.15$
$=(18.24+14.64+16.44+17.64+18.84)\times0.15$
$=12.87\text{m}^2$

清单工程量计算见下表：

清单工程量计算表

项目编码	项目名称	项目特征描述	计量单位	工程量
020105003001	块料踢脚线	150mm 高的陶瓷锦砖踢脚线	m²	12.87
020102002001	块料楼地面	陶瓷锦砖楼地面面层	m²	92.02

(2) 定额工程量：

工程量 = (设计长度 - 门洞尺寸) × 高度

1) 设计长度 = 18.24 + 14.64 + 16.44 + 17.64 + 18.84
  = 85.80m

2) 门洞尺寸 = 1.5 + 1.2 × 2 × 4
  = 11.10m

工程量 = (85.80 - 11.10) × 0.15
  = 11.21m²（套用消耗量定额 1-094）

项目编码：020105004　项目名称：现浇水磨石踢脚线

【例 1-45】 如图 1-22、图 1-38 所示，室内踢脚线为 150mm 高的现浇水磨石，求其工程量。

【解】 (1) 清单工程量：

工程量 = 设计长度 × 高度
$=[(5.4-0.24+3.6-0.24)\times2\times2$
$+(6.3-0.24+3.6-0.24)\times2+$
$(2.7-0.24+3.6-0.24)\times2+$
$(5.4-0.24+7.2-0.24)\times2\times2$
$+(7.2+5.4+7.2-0.24+2.1-$
$0.24)\times2+5.4\times2]\times0.15$
$=(34.08+18.84+11.64+48.48+42.84+10.8)\times0.15$
$=166.68\times0.15$
$=25.00\text{m}^2$

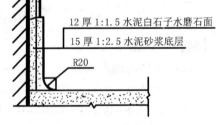

图 1-38　踢脚线详图

清单工程量计算见下表：

清单工程量计算表

项目编码	项目名称	项目特征描述	计量单位	工程量
020105004001	现浇水磨石踢脚线	150mm 高的现浇水磨石踢脚线	m²	25.00

(2) 定额工程量：

工程量 = 设计长度

设计长度 = 166.68m

工程量 = 166.68m(套用基础定额 8-32)

注:现浇水磨石踢脚线,清单工程量按设计图示长度乘以高度,不扣除门洞等尺寸;定额工程量按延长米计算,洞口、空圈长度不予扣除,洞口、垛等侧壁长度也不增加。

项目编码:020105005   项目名称:塑料板踢脚线

【例 1-46】 如图 1-30,图 1-39 所示,踢脚线为 150mm 高粘贴硬质聚氯乙烯板,计算其工程量。

【解】(1)清单工程量:

工程量 = (室内设计长度 + 柱的周长) × 高

1)室内设计长度 = (4.8 - 0.24 + 8.4 - 0.24) × 2
 = 25.44m

2)柱的周长 = 0.5 × 4 × 2m = 4.00m

工程量 = (25.44 + 4.00) × 0.15
 = 4.42m^2

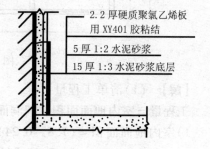

图 1-39 踢脚线详图

清单工程量计算见下表:

清单工程量计算表

项目编码	项目名称	项目特征描述	计量单位	工程量
020105005001	塑料板踢脚线	150mm 高粘贴硬质聚氯乙烯板	m^2	4.42

(2)定额工程量:

工程量 = (室内设计长度 + 柱的周长 + 墙垛侧面长 - 门洞尺寸) × 高

1)室内设计长度 = 25.44m

2)柱的周长 = 4.00m

3)墙垛的侧面长 = 0.26 × 2 × 4 = 2.08m

4)门洞尺寸 = 2.40m

工程量 = (25.44 + 4.00 + 2.08 - 2.40) × 0.15
 = 29.12 × 0.15
 = 4.37m^2(套用消耗量定额 1-116)

注:块料、石材、塑料、木质等踢脚线,清单工程量按设计图示长度乘高度计,包括柱的踢脚线工程量;定额工程量按实贴长度乘以高度计,柱、墙垛侧壁等工程量并入其工程量内,另扣除门洞等的工程量。

项目编码:020105006   项目名称:木质踢脚线

项目编码:020104002   项目名称:竹木地板

【例 1-47】 如图 1-40 所示,房屋地面面层为铺在木龙骨上的平口长条杉木地板,踢脚线为 150mm 高的成品木踢脚线。求地面面层的工程量。

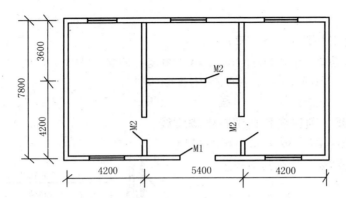

图 1-40 房屋平面示意图

【解】(1)清单工程量：

工程量 = 室内地面面积 + 门洞面积

1) 室内地面面积 = $(7.8-0.24)\times(4.2-0.24)\times2+(3.6-0.24)\times(5.4-0.24)+(4.2-0.24)\times(5.4-0.24)$

$= 59.88+17.34+20.43$

$= 97.65 m^2$

2) 门洞面积 = $1.5\times0.24+1.2\times0.24\times3$

$= 1.22 m^2$

工程量 = $97.65+1.22 = 98.87 m^2$

(2)定额工程量：

工程量 = 室内地面面积 + 门洞面积

1) 室内地面面积 = $97.65 m^2$

2) 门洞面积 = $1.22 m^2$

工程量 = $97.65+1.22 = 98.87 m^2$（套用消耗量定额 1-149）

【例 1-48】 如图 1-40 所示，计算其踢脚线工程量。

【解】(1)清单工程量：

工程量 = 设计长度 × 高度

$= [(7.8-0.24+4.2-0.24)\times2\times2+(3.6-0.24+5.4-0.24)\times2\times2+(4.2-0.24+5.4-0.24)\times2]\times0.15$

$= (46.08+34.08+18.24)\times0.15$

$= 98.4\times0.15$

$= 14.76 m^2$

清单工程量计算见下表：

清单工程量计算表

项目编码	项目名称	项目特征描述	计量单位	工程量
020104002001	竹木地板	房屋地面面层为铺在木龙骨上的平口长条杉木地板	m^2	98.87
020105006001	木质踢脚线	150mm 高的成品木踢脚线	m^2	14.76

(2)定额工程量：

工程量 = 设计长度 − 门洞尺寸

1）设计长度 = 81.36m

2）门洞尺寸 = 1.5 + 1.2 × 2 × 3 = 8.70m

工程量 = 81.36 − 8.70 = 72.66m（套用消耗量定额 1 − 164）

注：成品踢脚线，定额工程量按延长米计。

项目编码：020105007　项目名称：金属踢脚线

【例 1-49】　如图 1-35 所示，房屋踢脚板为 170mm 高不锈钢踢脚板，详见如图 1-41 所示，求其工程量。

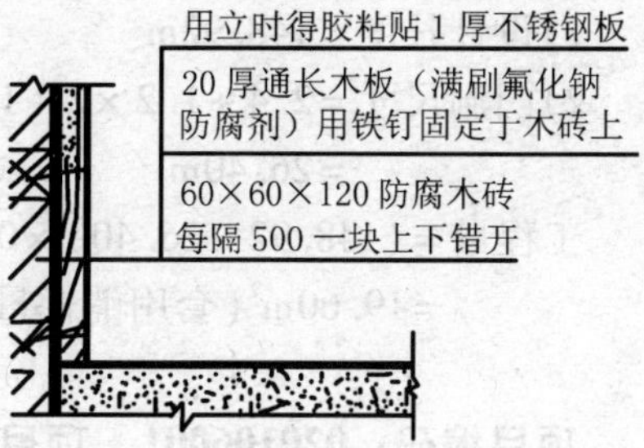

【解】（1）清单工程量：

工程量 = 设计长度 × 高度
= [(9.6 − 0.24 + 12.6 − 0.24) × 2 + (4.8 − 0.24 + 6.3 − 0.24) × 2 + (4.8 − 0.24 + 3.9 − 0.24) × 2] × 0.17
= (43.44 + 21.24 + 16.44) × 0.17
= 81.12 × 0.17
= 13.79m²

图 1-41　踢脚板详图

清单工程量计算见下表：

清单工程量计算表

项目编码	项目名称	项目特征描述	计量单位	工程量
020105007001	金属踢脚线	170mm 高不锈钢踢脚板	m²	13.79

(2)定额工程量：

工程量 =（设计长度 − 门洞尺寸）× 高度
= [81.12 − (3 × 2 + 2.4 × 2 + 1.8 × 4)] × 0.17
=（81.12 − 18）× 0.17
= 63.12 × 0.17
= 10.73m²

项目编码：020105008　项目名称：防静电踢脚线

【例 1-50】　如图 1-34 所示，房屋踢脚线为 160mm 高的防静电踢脚线，计算其工程量。

【解】（1）清单工程量：

工程量 = 设计长度 × 高度
= [(7.8 − 0.24 + 6.3 − 0.24) × 2 + (3.6 − 0.24 + 6.3 − 0.24) × 2 + (4.8 − 0.24 + 9.6 − 0.24) × 2 + (4.2 − 0.24 + 9.6 − 0.24) × 2 + (11.4 − 0.24 + 2.7 − 0.24) × 2 + 9.6 × 2] × 0.16
=（27.24 + 18.84 + 27.84 + 26.64 + 27.24 + 19.2）× 0.16

$= 148.92 \times 0.16$

$= 23.83 \, \text{m}^2$

清单工程量计算见下表：

清单工程量计算表

项目编码	项目名称	项目特征描述	计量单位	工程量
020105008001	防静电踢脚线	160mm 高的防静电踢脚线	m²	23.87

(2)定额工程量：

工程量 = (设计长度 - 门洞尺寸) × 高度

1)设计长度 = 148.92m

2)门洞尺寸 = 2.4 + 1.2 × 2 + 1.8 × 2 × 6

$\qquad = 26.40\text{m}$

工程量 = (148.92 - 26.40) × 0.16

$\qquad = 19.60\,\text{m}^2$ (套用消耗量定额 1 - 170)

项目编码：020106001　项目名称：石材楼梯面层

【例1-51】 如图 1-42 所示，楼梯面层为铺在 1:2.5 水泥砂浆上的大理石，计算其面层的工程量。

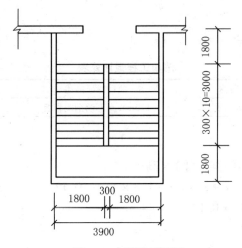

图 1-42　楼梯平面图

【解】 (1)清单工程量：

工程量 = (3.9 - 0.24) × (1.8 + 3 + 1.8 - 0.24)

$\qquad = 23.28\,\text{m}^2$

因为楼梯井宽度 300mm < 500mm，不予扣除。

清单工程量计算见下表：

清单工程量计算表

项目编码	项目名称	项目特征描述	计量单位	工程量
020106001001	石材楼梯面层	大理石面层，1:2.5 水泥砂浆基层	m²	23.28

(2)定额工程量:

因为楼梯井宽度300mm>50mm,所以要扣除楼梯井面积。

工程量 = 楼梯投影面积 – 楼梯井面积

1)楼梯投影面积 = 23.28m²

2)楼梯井面积 = 0.3×3 = 0.90m²

工程量 = 23.28 – 0.9 = 22.38m²(套用消耗量定额1-038)

项目编码:020106002　　项目名称:块料楼梯面层

【例1-52】 如图1-27所示,楼台梯面层为陶瓷地砖,具体尺寸如图1-43所示,求其面层工程量(梯口梁宽度600mm)。

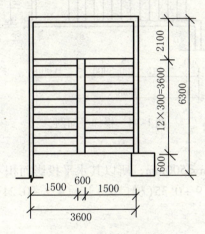

图1-43 楼梯平面图

【解】(1)清单工程量:

因为楼梯井宽度600mm>500mm,所以应扣除楼梯井的水平投影面积。

工程量 = 楼梯间水平投影面积 – 楼梯井水平投影面积

$= (6.3 - 0.12) \times (3.6 - 0.24) - (0.6 \times 3.6)$

$= 20.76 - 2.16$

$= 18.60 m^2$

清单工程量计算见下表:

清单工程量计算表

项目编码	项目名称	项目特征描述	计量单位	工程量
020106002001	块料楼梯面层	面层为陶瓷地砖	m²	18.60

(2)定额工程量:

因为楼梯井宽度为600mm>50mm,所以工程量应扣除楼梯井的水平投影面积。

工程量 = 楼梯水平投影面积 – 楼梯井水平投影面积

$= (6.3 - 0.12) \times (3.6 - 0.24) - (0.6 \times 3.6)$

$= 20.76 - 2.16$

$= 18.60 \text{m}^2$（套用消耗量定额 1-071）

项目编码：020106003　项目名称：水泥砂浆楼梯面

【例1-53】 如图1-44所示，一楼梯面层为1:2.5的水泥砂浆，厚20mm，计算其面层工程量（梯口梁宽350mm）。

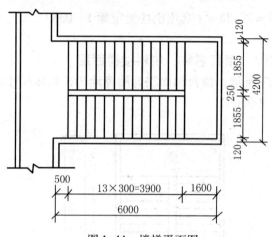

图1-44 楼梯平面图

【解】 (1)清单工程量：
因为楼梯井宽度为250mm<500mm，所以其水平投影面积不予扣除。
工程量 = [1.6 - 0.12 + 3.9 + 0.35(梯口梁)] × (4.2 - 0.24)
　　　　= 22.69 m²
清单工程量计算见下表：

清单工程量计算表

项目编码	项目名称	项目特征描述	计量单位	工程量
020106003001	水泥砂浆楼梯面	20mm 厚 1:2.5 水泥砂浆楼梯面层	m²	22.69

(2)定额工程量：
因为楼梯井宽度为250mm > 50mm，所示其水平投影面积应予扣除。
工程量 = 楼梯水平投影面积 - 楼梯井水平投影面积
　　　　= 22.69 - (0.25 × 3.9)
　　　　= 22.69 - 0.975
　　　　= 21.72 m²

项目编码：020106004　项目名称：现浇水磨石楼梯面

【例1-54】 如图1-45所示，一楼梯面层为现浇水磨石，计算其工程量。
【解】 (1)清单工程量：
工程量 = 楼梯间水平投影面积 - 楼梯井水平面积
1) 楼梯间水平投影面积 = (2.1 - 0.12 + 3 + 2.1 - 0.12) × (2.1 + 4.2 + 2.1 - 0.24)
　　　　　　　　　　　 = 6.96 × 8.16 = 56.79 m²

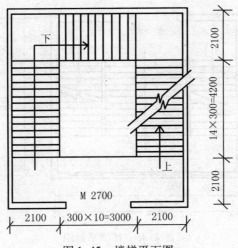

图 1-45 楼梯平面图

2) 楼梯井水平投影面积 = $3 \times 4.2 = 12.60 m^2$

工程量 = $56.79 - 12.60 = 44.19 m^2$

清单工程量计算见下表:

清单工程量计算表

项目编码	项目名称	项目特征描述	计量单位	工程量
020106004001	现浇水磨石楼梯面	现浇水磨石楼梯面层	m²	44.19

(2) 定额工程量:

工程量 = 楼梯间水平投影面积 - 楼梯井水平投影面积

= $(2.1 + 3 + 2.1 - 0.24) \times (2.1 + 2.1 + 4.2 - 0.24) - 3 \times 4.2$

= $56.79 - 12.60$

= $44.19 m^2$ (套用基础定额 8-33)

项目编码:020106005　项目名称:地毯楼梯面

【例 1-55】 一楼梯面层为带垫的羊毛地毯,如图 1-46 所示,求其工程量。

【解】 (1) 清单工程量:

工程量 = 楼梯间水平投影面积

= $(9 - 0.24) \times (8.4 - 0.24)$

= $71.48 m^2$

因为楼梯井宽为 300mm,故不予扣除其水平投影面积

清单工程量计算见下表:

清单工程量计算表

项目编码	项目名称	项目特征描述	计量单位	工程量
020106005001	地毯楼梯面	楼梯面层为带垫的羊毛地毯	m²	71.48

(2) 定额工程量:

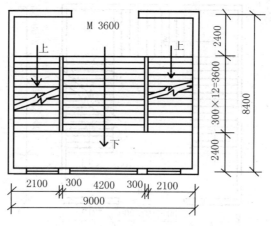

图 1-46 楼梯平面图

因为楼梯井宽 300mm > 500mm，故要扣除其水平投影面积。

工程量 = 楼梯间水平投影面积 - 楼梯井水平投影面积
  = 71.48 - 0.3 × 3.6 × 2
  = 71.48 - 2.16
  = 69.32 m^2（套用消耗量定额 1 - 125）

项目编码：020106006 项目名称：木板楼梯面

【例 1-56】 如图 1-33 所示，一楼梯面层为铺在水泥地面上的企口硬木地板砖，楼梯井宽为 600mm，每阶楼梯宽 300mm，试计算其工程量。

【解】（1）清单工程量：
因为楼梯井宽 600mm > 500mm，应扣除其水平投影面积。
工程量 = 楼梯间水平投影面积 - 楼梯井水平投影面积
  = [(3.6 - 0.24) × (4.2 - 0.12 + 0.3) - 0.6 × 2.4] × 2
  = (14.72 - 1.44) × 2
  = 26.56 m^2

清单工程量计算见下表：

清单工程量计算表

项目编码	项目名称	项目特征描述	计量单位	工程量
020106006001	木板楼梯面	楼梯面层为铺在水泥地面上企口硬木地板砖	m^2	26.56

（2）定额工程量：

工程量 = 楼梯间水平投影面积 - 楼台梯井水平投影面积
  = [(1.8 - 0.12 + 0.3 × 8) × (3.6 - 0.24) - (2.4 × 0.6)] × 2
  = (13.71 - 1.44) × 2
  = 24.54 m^2（套用消耗量定额 1 - 144）

（因为楼梯井宽 600mm > 50mm，应予以扣除其水平投影面积）

项目编码：020107001　项目名称：金属扶手带栏杆、栏板

【例1-57】 如图1-42所示，楼梯安装直形 $\phi 60$ 不锈钢扶手，竖条式直线型不锈钢管栏杆，试计算其工程量(每阶楼梯高150mm)。

【解】（1）清单工程量：

工程量 = 楼梯扶手长度

$$= (\sqrt{3^2 + (11 \times 0.15)^2} + 0.3) \times 2$$
$$= (3.42 + 0.3) \times 2$$
$$= 7.45 \text{m}$$

清单工程量计算见下表：

清单工程量计算表

项目编码	项目名称	项目特征描述	计量单位	工程量
020107001001	金属扶手带栏杆、栏板	楼梯安装直形 $\phi 60$ 不锈钢扶手，竖条式不锈钢管栏杆	m	7.45

（2）定额工程量：

工程量 = 楼梯扶手长度

$$= (\sqrt{3^2 + (11 \times 0.15)^2} + 0.3) \times 2$$
$$= 7.45 \text{m}$$

弯头工程量 = 4 个

（套用消耗量定额 1-207，1-179）

项目编码：020107002　项目名称：硬木扶手带栏杆、栏板

【例1-58】 如图1-44所示，楼梯扶手为硬木扶手带型钢铁花栏杆，立面图如图1-47所示，计算其工程量。

【解】（1）清单工程量：

工程量 = 楼梯扶手中心线长度

$$= (\sqrt{3.9^2 + (14 \times 0.15)^2} + 0.25) \times 2$$
$$= (3.94 + 0.25) \times 2$$
$$= 8.38 \text{m}$$

清单工程量计算见下表：

清单工程量计算表

项目编码	项目名称	项目特征描述	计量单位	工程量
020107002001	硬木扶手带栏杆、栏板	楼梯扶手为硬木扶手带型钢铁花栏杆	m	9.36

（2）定额工程量：

扶手工程量 = 扶手中心线长度

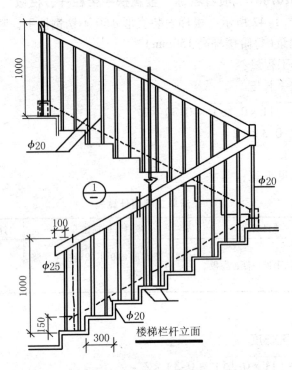

图 1-47 楼梯立面图

$$= (\sqrt{3.9^2 + (14 \times 0.15^2)} + 0.25) \times 2$$
$$= (3.94 + 0.25) \times 2$$
$$= 8.38 \text{m}(套用消耗量定额 1-211,1-201)$$

弯头工程量 = 4 个

项目编码：020107003　项目名称：塑料扶手带栏杆、栏板

【例 1-59】 如图 1-45 所示，楼梯为塑料扶手，带 10mm 厚全玻 37mm × 37mm 方钢不锈钢栏杆有机玻璃板，计算其工程量。（每阶踢面高 150mm）

【解】 (1) 清单工程量：

工程量 = 栏杆中心线长

$$= (\sqrt{4.2^2 + (0.15 \times 15)^2}) \times 2 + \sqrt{3^2 + (0.15 \times 11)^2} + 3$$
$$= 4.765 \times 2 + 3.42 + 3$$
$$= 15.95 \text{m}$$

清单工程量计算见下表：

清单工程量计算表

项目编码	项目名称	项目特征描述	计量单位	工程量
020107003001	塑料扶手带栏杆、栏板	楼梯为塑料扶手，带 10mm 厚全玻 37mm × 37mm 方钢不锈钢栏杆有机玻璃板	m	15.95

(2)定额工程量：

扶手工程量 = 扶手中心线长

$= (\sqrt{4.2^2 + (0.15 \times 15)^2}) \times 2 + \sqrt{3^2 + (0.15 \times 11)^2} + 3$

$= 15.95 m$

不锈钢栏杆有机玻璃板的工程量 = 栏板中心线长

$= (\sqrt{4.2^2 + (0.15 \times 15)^2}) \times 2 + \sqrt{3^2 + (0.15 \times 11)^2} + 3$

$= 15.95 m$

弯头个数 = 4 个

(套用消耗量定额1-187,1-223)

项目编码：020107004　项目名称：金属靠墙扶手

【例1-60】 如图1-42所示，楼梯靠墙部分安装不锈钢靠墙扶手，形式如图1-48所示，计算其工程量。

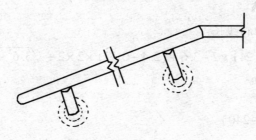

图1-48　楼梯扶手立面图

【解】(1)清单工程量：

工程量 = 扶手中心线长

$= (3.9 - 0.24) + (1.8 - 0.12) \times 2 \times 2 + \sqrt{3^2 + (0.15 \times 11)^2} \times 2$

$= 3.66 + 6.72 + 6.84$

$= 17.22 m$

清单工程量计算见下表：

清单工程量计算表

项目编码	项目名称	项目特征描述	计量单位	工程量
020107004001	金属靠墙扶手	楼梯靠墙部分安装不锈钢靠墙扶手	m	17.22

(2)定额工程量：

扶手工程量 = 扶手中心线长

$= (3.9 - 0.24) + (1.8 - 0.12) \times 2 \times 2 + \sqrt{3^2 + (0.15 \times 11)^2} \times 2$

$= 17.22 m$

弯头工程量 = 6 个

(套用消耗量定额1-242)

项目编码：020107005　项目名称：硬木靠墙扶手

【例1-61】　如图1-46所示，楼梯靠墙内装硬木扶手，形式如图1-49所示，计算其工程量。

【解】　（1）清单工程量：

工程量 = 扶手中心线长

$= (9 - 0.24) \times 2 - 3.6 + (2.4 - 0.12) \times 2 \times 2 + \sqrt{3.6^2 + (0.15 \times 13)^2} \times 2$

$= 13.92 + 9.12 + 8.19$

$= 31.23 \text{m}$

清单工程量计算见下表：

清单工程量计算表

项目编码	项目名称	项目特征描述	计量单位	工程量
020107005001	硬木靠墙扶手	楼梯靠墙内装硬木扶手	m	31.23

（2）定额工程量：

扶手工程量 = 扶手中心线长

$= (9 - 0.24) \times 2 - 3.6 + (2.4 - 0.12) \times 2 \times 2 + \sqrt{3.6^2 + (0.15 \times 13)^2} \times 2$

$= 31.23 \text{m}$

弯头工程量 = 8个

（套用消耗量定额1-240）

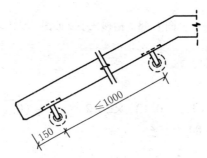

图1-49　扶手立面图

项目编码：020107006　项目名称：塑料靠墙扶手

【例1-62】　如图1-45所示，楼梯靠墙内装塑料扶手，计算其工程量。

【解】　（1）清单工程量：

工程量 = 扶手中心线长

$= (2.1 - 0.12) \times 6 + (2.1 + 2.1 + 3.0 - 0.24 - 2.7) + \sqrt{4.2^2 + (0.15 \times 15)^2} \times 2$

$+ \sqrt{3^2 + (0.15 \times 11)^2}$

$= 11.88 + 4.26 + 9.53 + 3.42$

$= 29.09 \text{m}$

清单工程量计算见下表：

清单工程量计算表

项目编码	项目名称	项目特征描述	计量单位	工程量
020107006001	塑料靠墙扶手	楼梯靠墙内装塑料扶手	m	29.69

(2)定额工程量：

扶手工程量 = 扶手中心线长
　　　　　 = 29.69m

弯头工程量 = 10 个

(套用消耗量定额 1 - 241)

项目编码：020108001　　**项目名称：石材台阶面层**

【例1-63】 如图1-50所示，一台阶面层为花岗岩面，其具体尺寸见图1-50中，计算其面层的工程量。

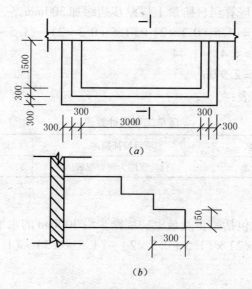

图1-50 台阶示意图

【解】 (1)清单工程量：

台阶面层工程量 = 台阶水平投影面积 + 最上一层台阶300mm的面积
　　　　　　　 = [(3 + 0.3 × 4) × 0.3 × 2 + (1.5 × 0.3 × 2) × 2] + [3 × 0.3 + (1.5 - 0.3) × 0.3 × 2]
　　　　　　　 = 2.52 + 1.8 + 1.62
　　　　　　　 = 5.94m²

或台阶面层工程量 = (台阶 + 平台面积) - 平台面积
　　　　　　　　 = (3 + 0.3 × 4) × (1.5 + 0.3 × 2) - (3 - 0.3 × 2) × (1.5 - 0.3)
　　　　　　　　 = 8.82 - 2.88
　　　　　　　　 = 5.94m²

清单工程量计算见下表：

清单工程量计算表

项目编码	项目名称	项目特征描述	计量单位	工程量
020108001001	石材台阶面层	台阶面层为花岗岩面	m²	5.94

(2)定额工程量:

工程量 = (台阶 + 平台投影面积) - 平台面积
= $(3 + 0.3 \times 4) \times (1.5 + 0.3 \times 2) - (3 - 0.3 \times 2) \times (1.5 - 0.3)$
= $5.94 m^2$

(套用消耗量定额 1-034)

项目编码:020108002　项目名称:块料台阶面

【例1-64】 如图1-31所示台阶,其面层为陶瓷锦砖,计算其面层工程量。

【解】 (1)清单工程量:

台阶面层清单工程量应算至台阶最上层踏步边缘加300mm,

∴ 台阶面层的工程量 = $(1.5 + 0.3 \times 2) \times (1.5 + 0.3 \times 2) - (1.5 - 0.3) \times (1.5 - 0.3)$
= $4.41 - 1.44$
= $2.97 m^2$

清单工程量计算见下表:

清单工程量计算表

项目编码	项目名称	项目特征描述	计量单位	工程量
020108002001	块料台阶面	台阶面层为陶瓷锦砖	m²	2.97

(2)定额工程量:

台阶面层定额工程量包括踏步及最上一层踏步沿300mm的水平投影面积。

工程量 = $(1.5 + 0.3 \times 2) \times (1.5 + 0.3 \times 2) - (1.5 - 0.3) \times (1.5 - 0.3)$
= $4.41 - 1.44$
= $2.97 m^2$

(套用消耗量定额 1-093)

项目编码:020108003　项目名称:水泥砂浆台阶面层

【例1-65】 如图1-51所示,台阶面层为20mm厚的1:2.5水泥砂浆面层,计算其工程量。

【解】 (1)清单工程量:

台阶工程量按设计图示尺寸包括最上层踏步边缘加300mm以水平投影面积计算

工程量 = $\frac{1}{2}\pi(2 + 0.3 \times 3)^2 - \frac{1}{2}\pi(2 - 0.3)^2$
= $13.2037 - 4.5373$
= $8.67 m^2$

清单工程量计算见下表:

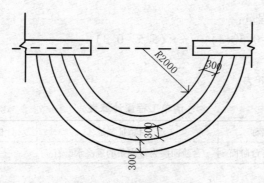

图 1-51 台阶平面示意图

清单工程量计算表

项目编码	项目名称	项目特征描述	计量单位	工程量
020108003001	水泥砂浆台阶面	台阶面层为20mm厚1:2.5水泥砂浆面层	m²	8.67

(2)定额工程量:

定额工程量计算规则与清单工程量计算规则相同,两者工程量相同。

$$工程量 = \frac{1}{2}\pi(2+0.3\times3)^2 - \frac{1}{2}\pi(2-0.3)^2$$
$$= 8.67 \text{m}^2$$

(套用基础定额8-25)

项目编码:020108004　项目名称:现浇水磨石台阶面

【例1-66】 如图1-52所示,一下沉式广场,其台阶面层为带嵌条的现浇水磨石,试计算台阶面层的工程量。

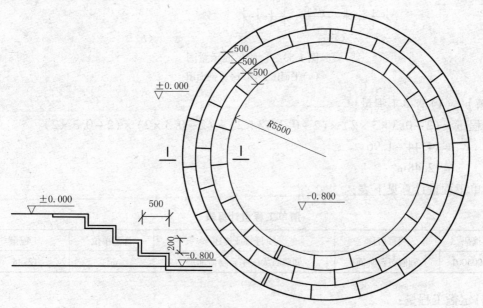

图 1-52 台阶平面示意图

【解】 (1)清单工程量：

工程量 $= \pi \times (5.5 + 0.5 \times 3)^2 - \pi \times (5.5 - 0.3)^2$

$\qquad = 68.95 \mathrm{m}^2$

清单工程量计算见下表：

清单工程量计算表

项目编码	项目名称	项目特征描述	计量单位	工程量
020108004001	现浇水磨石台阶面	台阶面层为带嵌条的现浇水磨石	m²	68.95

(2)定额工程量：

工程量 $= \pi \times (5.5 + 0.5 \times 3 + 0.3)^2 - \pi \times 5.5^2$

$\qquad = 167.33 - 94.99$

$\qquad = 72.34 \mathrm{m}^2$（套用基础定额 8-35）

项目编码：020108005　项目名称：剁假石台阶面

【例 1-67】 如图 1-53 所示，一平台台阶面层为剁假石，试计算其工程量。

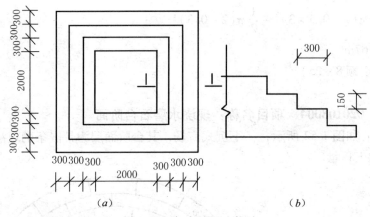

图 1-53　台阶平面示意图
(a)平面图；(b)1-1 剖面图

【解】 (1)清单工程量：

工程量 $= (2 + 0.3 \times 3 \times 2) \times (2 + 0.3 \times 3 \times 2) - (2 - 0.3 \times 2) \times (2 - 0.3 \times 2)$

$\qquad = 14.44 - 1.96$

$\qquad = 12.48 \mathrm{m}^2$

清单工程量计算见下表：

清单工程量计算表

项目编码	项目名称	项目特征描述	计量单位	工程量
020108005001	剁假石台阶面	剁假石为一平台台阶面层	m²	12.48

(2)定额工程量：

工程量 $= (2 + 0.3 \times 3 \times 2) \times (2 + 0.3 \times 3 \times 2) - (2 - 0.3 \times 2) \times (2 - 0.3 \times 2)$

$= 14.44 - 1.96$
$= 12.48 m^2$

项目编码:020109001　　项目名称:石材零星项目

【例1-68】 如图1-54所示,一台阶面层为花岗岩,台阶牵边的材料相同,试计算台阶面层和牵边的工程量。

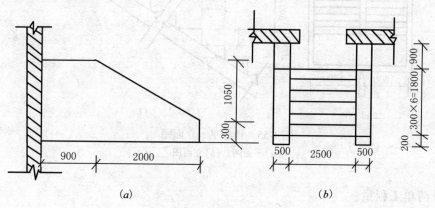

图1-54 台阶平、立面图
(a)平面图;(b)立面图

【解】 (1)清单工程量:
1)台阶面层工程量 $= 2.5 \times (1.8 + 0.3)$
$= 5.25 m^2$

2)牵边的工程量 $= (0.3 + \sqrt{2^2 + 1.05^2} + 0.9) \times 0.5 \times 2$
$= 3.46 m^2$

清单工程量计算见下表:

清单工程量计算表

项目编码	项目名称	项目特征描述	计量单位	工程量
020108001001	石材台阶面	花岗岩台阶面层	m²	5.25
020109001001	石材零星项目	台阶用花岗岩牵边	m²	3.46

(2)定额工程量:
1)台阶面层工程量 $= 2.5 \times (1.8 + 0.3)$
$= 5.25 m^2$(套用消耗量定额1-034)

2)牵边的工程量 $= (0.3 + \sqrt{2^2 + 1.05^2} + 0.9) \times 0.5 \times 2$
$= 3.46 m^2$(套用消耗量定额1-040)

项目编码:020109002　　项目名称:碎拼石材零星项目

项目编码:020106001　　项目名称:石材楼梯面层

【例1-69】 如图1-55所示,一楼梯为大理石面层,楼梯侧面也为大理石粘贴,试计算其工程量。

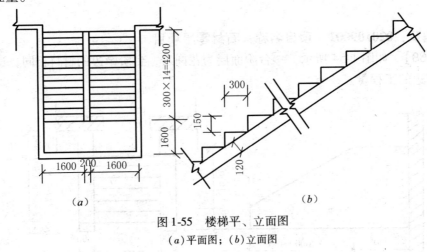

图1-55 楼梯平、立面图
(a)平面图;(b)立面图

【解】 (1)清单工程量:

1)面层工程量 = $(3.4-0.24) \times (1.6-0.12+4.2+0.3)$

$= 18.90 m^2$

2)侧面碎拼石材工程量 = $\left[\sqrt{4.2^2+(0.15 \times 15)^2} \times 0.12 + \frac{1}{2} \times 0.15 \times 0.3 \times 15 \right] \times 2$

$= (0.54+0.34) \times 2$

$= 1.76 m^2$

清单工程量计算见下表:

清单工程量计算表

项目编码	项目名称	项目特征描述	计量单位	工程量
020109002001	碎拼石材零星项目	楼梯侧面为大理石粘贴	m^2	1.76
020106001001	石材楼梯面层	大理石楼梯面层	m^2	18.90

(2)定额工程量:

1)楼梯面层工程量 = 楼梯间水平投影面积 - 楼梯井面积

$= (3.4-0.24) \times (1.6-0.12+4.2+0.3) - (0.2 \times 4.2)$

$= 18.9 - 0.84$

$= 18.06 m^2$

2)侧面碎拼石材工程量 = $\sqrt{4.2^2+(0.15 \times 15)^2} \times 0.12 + \frac{1}{2} \times 0.15 \times 0.3 \times 15 \times 2$

$= 1.76 m^2$ (套用消耗量定额1-028)

项目编码:020109003 项目名称:块料零星项目

【例1-70】 如图1-56所示,一水槽为缸砖贴面,计算其面层工程量。

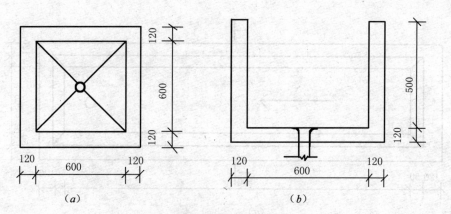

图 1-56 水槽平、立面图
(a)平面图;(b)立面图

【解】(1)清单工程量:

工程量 = 外围面积 + 内壁面积 + 槽底面积 + 槽沿面积

$= (0.6 + 0.12 \times 2) \times (0.5 + 0.12) \times 4 + 0.6 \times 0.5 \times 4 + 0.6 \times 0.5 + (0.6 + 0.12) \times 0.12 \times 4$

$= 2.08 + 1.2 + 0.3 + 0.35$

$= 3.93 \text{m}^2$

清单工程量计算见下表:

清单工程量计算表

项目编码	项目名称	项目特征描述	计量单位	工程量
020109003001	块料零星项目	水槽用缸砖贴面	m²	3.93

(2)定额工程量:

工程量 = 外围面积 + 内壁面积 + 槽底面积 + 槽沿面积

$= (0.6 + 0.12 \times 2) \times (0.5 + 0.12) \times 4 + 0.6 \times 0.5 \times 4 + 0.6 \times 0.5 + (0.6 + 0.12) \times 0.12 \times 4$

$= 2.08 + 1.2 + 0.3 + 0.35$

$= 3.93 \text{m}^2$(套用消耗量定额 1-090)

项目编码:020109004　项目名称:水泥砂浆零星项目

【例 1-71】 如图 1-57 所示,一小便池面层为 20mm 厚的 1:2.5 水泥砂浆面层,试计算其面层工程量。

【解】(1)清单工程量:

工程量 = 外围面积 + 内壁面积 + 槽底面积 + 槽沿面积

$= [(3.5 + 0.05 \times 2 + 0.12 \times 2 + 0.6 + 0.05 \times 2 + 0.12 \times 2) \times (0.5 + 0.12) \times 2]$

$+ [\sqrt{0.05^2 + 0.5^2} \times (3.5 + 0.05 + 0.6 + 0.05) \times 2] + 3.5 \times 0.6 + [(3.5 + 0.05 \times 2 + 0.12 + 0.6 + 0.05 \times 2 + 0.12) \times 2 \times 0.12]$

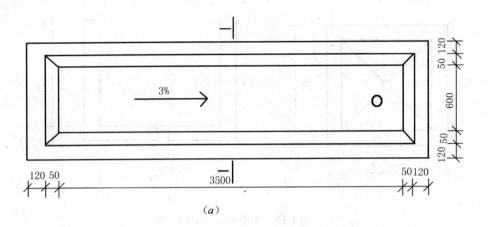

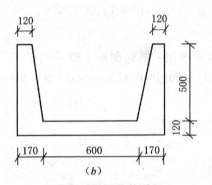

图 1-57 小便池示意图
(a)平面图;(b)立面图

$$= 5.93 + 4.22 + 2.1 + 1.09$$
$$= 13.34 \text{m}^2$$

清单工程量计算见下表:

清单工程量计算表

项目编码	项目名称	项目特征描述	计量单位	工程量
020109004001	水泥砂浆零星项目	20mm 厚 1:2.5 水泥砂浆小便池面层	m²	13.34

(2)定额工程量:

工程量 = 外壁面积 + 内壁面积 + 槽底面积 + 槽沿面积
$$= (5.93 + 4.22 + 2.1 + 1.09) \text{m}^2$$
$$= 13.34 \text{m}^2$$

第二章 墙柱面工程(B.2)

【例2-1】 如图2-1,图2-2和图2-3所示,该建筑物的内外墙均为砖墙,均采用1:3水泥砂浆中级抹灰,试求该建筑物内、外墙的工程量。

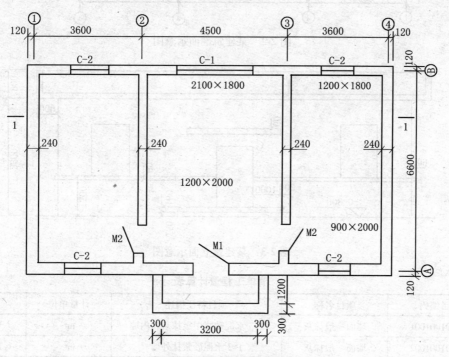

图2-1 某建筑平面示意图

【解】 (1)清单工程量:
内墙清单工程量 = $(3.6 - 0.12 \times 2 + 6.6 - 0.12 \times 2) \times 2 \times 3.6 \times 2 + (4.5 - 0.12 \times 2 + 6.6 - 0.12 \times 2) \times 2 \times 3.0 - 1.2 \times 1.8 \times 4 - 2.1 \times 1.8 - 0.9 \times 2.0 \times 4 - 1.2 \times 2.0$
= 181.67m²

外墙清单工程量 = $(6.6 + 4.5 + 3.6 \times 2 + 0.12 \times 2 \times 2) \times 2 \times 4.8 - 2.1 \times 1.8 - 1.2 \times 1.8 \times 4 - 1.2 \times 2.0 - (3.2 + 3.2 + 0.3 \times 2) \times 0.15$
= 164.42m²

清单工程量计算见下表:
(2)定额工程量同清单工程量。(套用基础定额 11 - 25)

【例2-2】 如图2-1,图2-2和图2-3所示,建筑物内墙采用107耐擦洗内墙涂料,外墙采用乙丙外墙乳胶漆涂刷,试求该建筑物墙面装饰工程工程量。

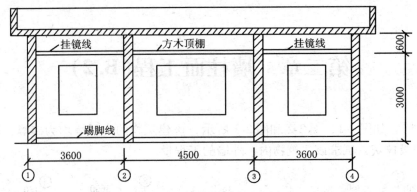

图 2-2 某建筑剖面示意图

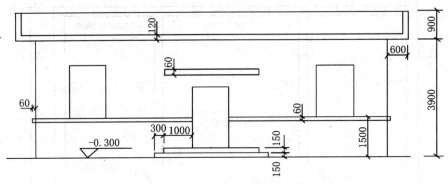

图 2-3 某建筑立面示意图

清单工程量计算表

项目编码	项目名称	项目特征描述	计量单位	工程量
020201001001	墙面一般抹灰	1:3 水泥砂浆中级抹灰,内墙	m²	185.27
020201001002	墙面一般抹灰	1:3 水泥砂浆抹外墙	m²	164.42

【解】(1)清单工程量:

内墙工程量 = $(3.6 - 0.12 \times 2 + 6.6 - 0.12 \times 2) \times 2 \times 3.6 \times 2 + (4.5 - 0.12 \times 2 + 6.6 - 0.12 \times 2) \times 2 \times 3.0 - 1.2 \times 1.8 \times 4 - 2.1 \times 1.8 - 0.9 \times 2.0 \times 2 - 1.2 \times 2.0$
$= 185.27 \text{m}^2$

外墙工程量 = $(6.6 + 4.5 + 3.6 \times 2 + 0.12 \times 2 \times 2) \times 2 \times 4.8 - 2.1 \times 1.8 - 1.2 \times 1.8 \times 4 - 1.2 \times 2.0 - (3.2 + 3.2 + 0.3 \times 2) \times 0.15 = 164.42 \text{m}^2$

清单工程量计算见下表:

清单工程量计算表

项目编码	项目名称	项目特征描述	计量单位	工程量
020201002001	墙面装饰抹灰	内墙抹 107 耐擦洗涂料	m²	185.27
020201002002	墙面装饰抹灰	外墙用乙丙外墙乳胶漆涂刷	m²	164.42

(2)定额工程量同清单工程量。

【例 2-3】 如图 2-3 所示,某建筑物外墙墙裙高 1.5m,墙面采用水泥砂浆勾缝,试求该建筑物墙面勾缝的工程量。

【解】（1）清单工程量：

外墙勾缝工程量 = $(3.6 \times 2 + 4.5 + 6.6 + 0.12 \times 2 \times 2) \times (4.8 - 1.5) \times 2 - 2.1 \times 1.8 - 1.2 \times 1.8 \times 4 - 1.2 \times (2.0 - 1.5) = 111.26 m^2$

清单工程量计算见下表：

清单工程量计算表

项目编码	项目名称	项目特征描述	计量单位	工程量
020201003001	墙面勾缝	采用水泥砂浆勾缝	m²	111.26

（2）定额工程量同清单工程量。

【例2-4】 如图2-4所示为一混凝土独立柱，该柱表面采用20mm厚1:3水泥砂浆中级抹灰，试求该柱面抹灰的工程量。

【解】（1）清单工程量：

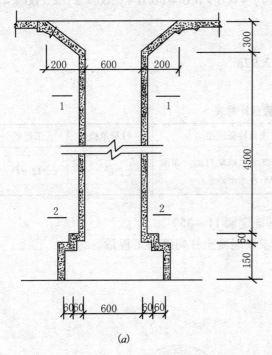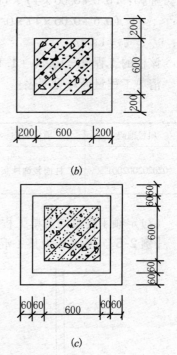

图2-4 混凝土柱示意图
(a)立面图；(b)1-1剖面图；(c)2-2剖面图

柱身：$(0.6 \times 4 \times 4.5) m^2 = 10.80 m^2$

柱帽：$\frac{1}{2} \times (0.6 + 0.6 + 0.2 \times 2) \times \sqrt{0.2^2 + 0.3^2} \times 4 = 1.15 m^2$

柱脚：$(0.6 + 0.06 \times 4) \times (0.6 + 0.06 \times 4) - 0.6 \times 0.6 + (0.6 + 0.06 \times 2) \times 0.06 \times 4 +$
$(0.6 + 0.06 \times 4) \times 0.15 \times 4$
$= 1.02 m^2$

该柱的工程量 = $10.80 + 1.15 + 1.02 = 12.97 m^2$

清单工程量计算见下表：

清单工程量计算表

项目编码	项目名称	项目特征描述	计量单位	工程量
020202001001	柱面一般抹灰	柱面抹20mm厚1:3水泥砂浆	m^2	12.97

(2)定额工程量同清单工程量。(套用基础定额11-35)

【例2-5】 某独立柱如图2-4所示，该柱表面用18mm厚1:3水泥砂浆打底，面层涂6mm厚有色水泥砂浆，试求该柱装饰抹灰的工程量。

【解】 (1)清单工程量：

柱身：$0.6 \times 4 \times 4.5 = 10.80 m^2$

柱帽：$\frac{1}{2} \times (0.6 + 0.6 + 0.2 \times 2) \times \sqrt{0.2^2 + 0.3^2} \times 4 = 1.15 m^2$

柱脚：$(0.6 + 0.06 \times 4) \times (0.6 + 0.06 \times 4) - 0.6 \times 0.6 + (0.6 + 0.06 \times 2) \times 0.06 \times 4 +$
$(0.6 + 0.06 \times 4) \times 0.15 \times 4$
$= 1.02 m^2$

该柱的工程量 $= 10.80 + 1.15 + 1.02 = 12.97 m^2$

清单工程量计算见下表：

清单工程量计算表

项目编码	项目名称	项目特征描述	计量单位	工程量
020202002001	柱面装饰抹灰	18mm厚1:3水泥砂浆打底，面层涂6mm厚有色水泥砂浆	m^2	12.97

(2)定额工程量同清单工程量。(套用基础定额11-35)

【例2-6】 图2-5为某一混凝土柱，试求该混凝土柱勾缝的工程量。

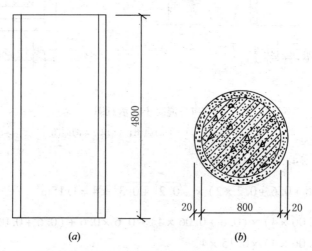

图2-5 某混凝土柱示意图
(a)立面图；(b)平面图

【解】 (1)清单工程量:

$3.14 \times (0.8 + 0.02 \times 2) \times 4.8 = 12.66 \text{m}^2$

清单工程量计算见下表:

清单工程量计算表

项目编码	项目名称	项目特征描述	计量单位	工程量
020202003001	柱面勾缝	混凝土柱勾缝	m²	12.66

(2)定额工程量同清单工程量。(套用基础定额11-33)

【例2-7】 如图2-6所示,雨篷顶面采用20mm厚1:3水泥砂浆中级抹灰,底面采用20mm厚石灰砂浆抹灰,试求雨篷抹灰的工程量。

【解】 (1)清单工程量:

顶面工程量 $= 2.5 \times 1.2 = 3.00 \text{m}^2$

底面工程量 $= 2.5 \times 1.2 = 3.00 \text{m}^2$

清单工程量计算见下表:

清单工程量计算表

项目编码	项目名称	项目特征描述	计量单位	工程量
020203001001	零星项目一般抹灰	雨篷顶面采用20mm厚1:3水泥砂浆中级抹灰	m²	3.00
020203001002	零星项目一般抹灰	雨篷底面采用20mm厚石灰砂浆抹灰	m²	3.00

(2)定额工程量:

顶面工程量 $= (2.5 \times 1.2)\text{m}^2 \times 1.2 = 3.60 \text{m}^2$

底面工程量 $= 2.5 \times 1.2 = 3.00 \text{m}^2$(套用基础定额11-30,11-23)

注:雨篷顶面带反沿或反梁者,其工程量乘以系数1.20。

【例2-8】 某雨篷如图2-6所示,顶面做水刷豆石面层,底面采用乙丙外墙乳胶漆刷涂,试求雨篷装饰的工程量。

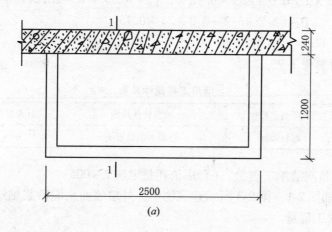

(a)

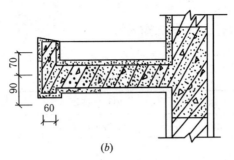

(b)

图 2-6 某雨篷示意图
(a)平面图；(b)剖面图

【解】 (1)清单工程量：

顶面工程量 = 1.2 × 2.5 = 3.00m²

底面工程量 = 1.2 × 2.5 = 3.00m²

清单工程量计算见下表：

清单工程量计算表

项目编码	项目名称	项目特征描述	计量单位	工程量
020203002001	零星项目装饰抹灰	雨篷顶面做水刷豆石面层	m²	3.00
020203002002	零星项目装饰抹灰	雨篷底面采用乙丙外墙乳胶漆刷涂	m²	3.00

(2)定额工程量：

顶面工程量 = 1.2 × 2.5 × 1.2 = 3.60m²

底面工程量 = 1.2 × 2.5 = 3.00m²

注：系数同例7。

(套用基础定额 11 - 712)

【例2-9】 如图2-1，图2-3所示建筑物中，外墙做成水刷白石子墙面，试求该建筑物外墙面的工程量。

【解】 (1)清单工程量：

工程量 = (3.6 × 2 + 6.6 + 4.5 + 0.12 × 2 × 2) × 2 × 4.8 - 2.1 × 1.8 - 1.2 × 1.8 × 4 -

1.2 × 2.0 - (3.2 + 3.2 + 0.3 × 2) × 0.15

= 164.42m²

清单工程量计算见下表：

清单工程量计算表

项目编码	项目名称	项目特征描述	计量单位	工程量
020204001001	石材墙面	外墙水刷白石子	m²	164.42

(2)定额工程量同清单工程量。(套用消耗量定额 2 - 005)

【例2-10】 如图2-1，图2-3所示建筑物中，外墙墙面水泥砂浆粘贴陶瓷锦砖，试求该建筑物外墙面的工程量。

【解】（1）清单工程量：

工程量 = $(3.6 \times 2 + 6.6 + 4.5 + 0.12 \times 2 \times 2) \times 2 \times 4.8 - 2.1 \times 1.8 - 1.2 \times 1.8 \times 4 -$
$1.2 \times 2.0 - (3.2 + 3.2 + 0.3 \times 2) \times 0.15$
$= 164.42 \text{m}^2$

清单工程量计算见下表：

清单工程量计算表

项目编码	项目名称	项目特征描述	计量单位	工程量
020204003001	块料墙面	外墙墙面贴陶瓷锦砖	m²	164.42

（2）定额工程量同清单工程量。

【例2-11】 如图2-1，图2-3所示建筑物中，外墙贴大理石饰面板，试求外墙贴大理石饰面板的工程量。

【解】 清单工程量：

工程量 = $(3.6 \times 2 + 6.6 + 4.5 + 0.12 \times 2 \times 2) \times 2 \times 4.8 - 2.1 \times 1.8 - 1.2 \times 1.8 \times 4 - 1.2$
$\times 2.0 - (3.2 + 3.2 + 0.3 \times 2) \times 0.15$
$= 164.42 \text{m}^2$

清单工程量计算见下表：

清单工程量计算表

项目编码	项目名称	项目特征描述	计量单位	工程量
020204002001	碎拼石材墙面	外墙贴大理石饰面板	m²	164.42

定额工程量同清单工程量。（套用消耗量定额2-041）

【例2-12】 如图2-1，图2-3所示建筑物，外墙装饰面采用不锈钢骨架上干挂花岗岩板，施工图如图2-7所示，试求钢骨架的工程量。

【解】（1）清单工程量：

工程量 = $[(3.6 \times 2 + 6.6 + 4.5 + 0.12 \times 2 \times 2) \times 2 \times$
$4.8 - 2.1 \times 1.8 - 1.2 \times 1.8 \times 4 - 1.2 \times 2.0 -$
$(3.2 + 3.2 + 0.3 \times 2) \times 0.15] \text{m}^2 \times$
1060.000kg/m^2
$= 164.42 \text{m}^2 \times 1060.000 \text{kg/m}^2$
$= 174283.08 \text{kg}$
$= 174.28 \text{t}$

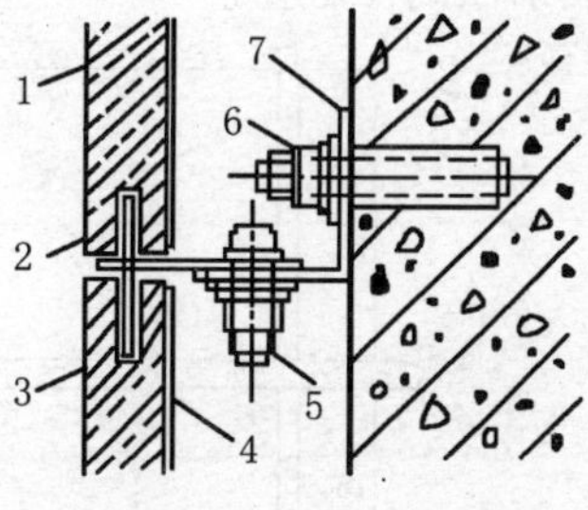

图2-7 干挂法安装示意
1—石板；2—不锈钢销钉；
3—板材钻孔；4—玻纤布增强层；
5—紧固螺栓；6—胀铆螺栓；
7—L型不锈钢连接件

清单工程量计算见下表：

清单工程量计算表

项目编码	项目名称	项目特征描述	计量单位	工程量
020204004001	干挂石材钢骨架	不锈钢骨上干挂花岗岩板	t	174.28

(2)定额工程量同清单工程量。(套用消耗量定额 2-075)

【例2-13】 如图2-5所示独立柱,柱面采用水刷玻璃碴柱面、装饰层厚20mm,试求水刷玻璃碴柱面的工程量。

【解】 (1)清单工程量:

工程量 $= 3.14 \times (0.8 + 0.02 \times 2 + 0.02 \times 2) \times 4.8 = 13.26 m^2$

清单工程量计算见下表:

清单工程量计算表

项目编码	项目名称	项目特征描述	计量单位	工程量
020205001001	石材柱面	柱面彩和水刷玻璃碴,厚20mm	m^2	13.26

(2)定额工程量同清单工程量。(套用消耗量定额 2-010)

【例2-14】 如图2-5所示独立柱中,装饰面采用20mm厚碎拼花岗岩柱面,试求碎拼花岗岩柱面的工程量。

【解】 (1)清单工程量:

工程量 $= 3.14 \times (0.8 + 0.02 \times 2 + 0.02 \times 2) \times 4.8 = 13.26 m^2$

清单工程量计算见下表:

清单工程量计算表

项目编码	项目名称	项目特征描述	计量单位	工程量
020205002001	拼碎石材柱面	20mm厚碎拼花岗岩柱面	m^2	13.26

(2)定额工程量同清单工程量。(套用消耗量定额 2-057)

【例2-15】 如图2-8所示独立柱中,柱装饰面采用干挂花岗岩板,板厚60mm,试求该装饰面的工程量。

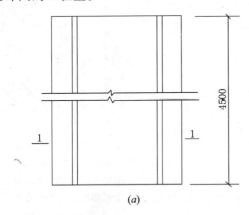 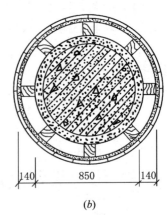

图2-8 石材柱面
(a)立面图;(b)剖面图

【解】 (1)清单工程量:

工程量 $= 3.14 \times (0.85 + 0.28 + 0.06 \times 2) \times 4.5 = 17.66 m^2$

清单工程量计算见下表:

清单工程量计算表

项目编码	项目名称	项目特征描述	计量单位	工程量
020205003001	块料柱面	柱装饰面采用干挂花岗岩板,板厚60mm	m²	17.66

(2)定额工程量同清单工程量。(套用消耗量定额2-066)

【例2-16】 某钢筋混凝土梁如图2-9所示,梁表面镶贴大理石面层,试计算该梁装饰面的清单工程量和定额工程量。

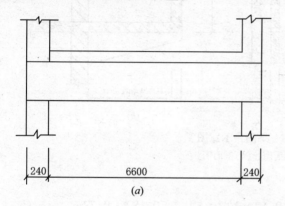 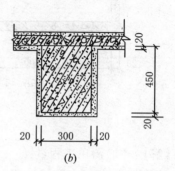

图2-9 某混凝土梁示意图
(a)立面图;(b)剖面图

【解】 (1)清单工程量:

工程量 = $(0.45 \times 2 + 0.3 + 0.02 \times 2) \times 6.6 = 8.18 m^2$

清单工程量计算见下表:

清单工程量计算表

项目编码	项目名称	项目特征描述	计量单位	工程量
020205004001	石材梁面	钢筋混凝土梁表面镶贴大理石面层	m²	8.18

(2)定额工程量同清单工程量。(套用消耗量定额2-035)

【例2-17】 某钢筋混凝土梁如图2-9所示,梁表面镶贴碎拼花岗岩面层,试求该梁装饰面的工程量。

【解】 (1)清单工程量:

工程量 = $(0.3 + 0.02 \times 2 + 0.45 \times 2) \times 6.6 = 8.18 m^2$

清单工程量计算见下表:

清单工程量计算表

项目编码	项目名称	项目特征描述	计量单位	工程量
020205005001	块料梁面	钢筋混凝土梁表面镶贴碎拼花岗石面层	m²	8.18

(2)定额工程量同清单工程量。(套用消耗量定额2-058)

【例2-18】 某阳台如图2-10所示,阳台外墙采用花岗岩板镶贴,内墙采用1:3水泥砂浆中级抹灰,试求外墙装饰面的工程量。

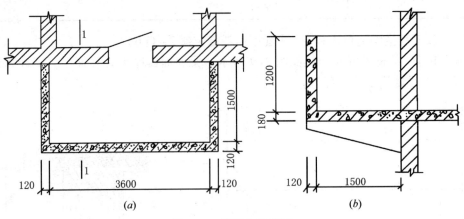

图2-10 某阳台示意图
(a)平面图;(b)剖面图

【解】 (1)清单工程量:

工程量 = $[(1.5+0.12)\times 2+(3.6+0.12\times 2)]\times(1.2+0.18)=9.77m^2$

清单工程量计算见下表:

清单工程量计算表

项目编码	项目名称	项目特征描述	计量单位	工程量
020206001001	石材零星项目	阳台外墙采用花岗岩板镶贴,内墙采用1:3水泥砂浆中级抹灰	m^2	9.77

(2)定额工程量同清单工程量。(套用消耗量定额2-053)

【例2-19】 某阳台如图2-10所示,阳台外墙采用碎拼花岗岩,内墙采用1:3水泥砂浆中级抹灰,试求该阳台外墙装饰的工程量。

【解】 (1)清单工程量:

工程量 = $[(1.5+0.12)\times 2+(3.6+0.12\times 2)]\times(1.2+0.18)=9.77m^2$

清单工程量计算见下表:

清单工程量计算表

项目编码	项目名称	项目特征描述	计量单位	工程量
020206002001	碎拼石材零星项目	阳台外墙采用碎拼花岗岩,内墙采用1:3水泥砂浆中级抹灰	m^2	9.77

(2)定额工程量同清单工程量。(套用消耗量定额2-058)

【例2-20】 某阳台如图2-10所示,阳台外墙镶贴釉面砖,内墙采用1:3水泥砂浆中级抹灰,试求该阳台外墙装饰的工程量。

【解】 (1)清单工程量:

工程量 = $[(1.5+0.12)\times2+(3.6+0.12\times2)]\times(1.2+0.18)=9.77m^2$

清单工程量计算见下表:

清单工程量计算表

项目编码	项目名称	项目特征描述	计量单位	工程量
020206003001	块料零星项目	阳台外墙镶贴釉面砖,内墙采用1:3水泥砂浆中级抹灰	m^2	9.77

(2)定额工程量同清单工程量。(套用基础定额11-174)

【例2-21】 某住宅如图2-11所示,内墙墙面采用粘贴大理石板装饰,试求内墙装饰面的工程量。

【解】 (1)清单工程量:

工程量 = $[(4.5-0.24)\times4+(3.3-0.24)\times4]\times3.6-0.9\times2.0\times2-1.5\times1.8\times2+$
$[(4.5-0.24)\times2+(6.6-0.24)\times2]\times3.0-0.9\times2.0\times2-2.1\times1.8-1.2$
$\times2.0$

= $150.35m^2$

清单工程量计算见下表:

清单工程量计算表

项目编码	项目名称	项目特征描述	计量单位	工程量
020207001001	装饰板墙面	住宅内墙墙面采用粘贴大理石板装饰	m^2	150.35

(2)定额工程量同清单工程量。(套用消耗量定额2-041)

项目编码:020201001 项目名称:墙面一般抹灰

【例2-22】 某住宅如图2-12所示,墙体为240mm砖墙,内墙面采用16mm厚1:3石灰砂浆普通抹灰,试求该住宅内墙面抹灰的工程量。

【解】 (1)清单工程量:

工程量 = $3.6\times[(6.6-0.12\times2)\times6+(3.3-0.12\times2)\times2+(5.1-0.12\times2)\times2+$
$(4.8-0.12\times2)\times2+(3.9-0.12\times2)\times4]-1.2\times2.1-0.9\times2.0\times3\times2-$
$2.7\times1.8\times2-1.8\times1.8\times2$

= $250.42m^2$

清单工程量计算见下表:

清单工程量计算表

项目编码	项目名称	项目特征描述	计量单位	工程量
020201001001	墙面一般抹灰	墙体为240mm砖墙,内墙采用16mm厚1:3石灰砂浆普通抹灰	m^2	250.42

(2)定额工程量同清单工程量。(套用基础定额 11-1)

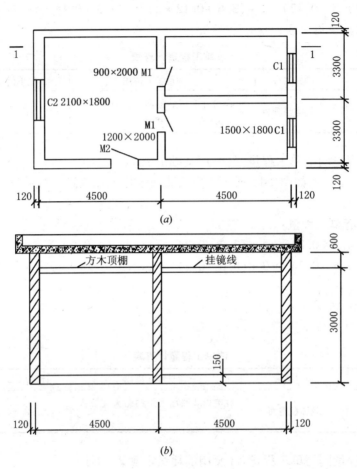

图 2-11 某住宅示意图
(a)平面图;(b)剖面图

【例 2-23】 某住宅如图 2-12 所示,墙体为 240mm 厚混凝土墙,内墙面采用 16mm 厚 1:3 石灰砂浆普通抹灰,试求该住宅内墙面抹灰的工程量。

【解】 (1)清单工程量:

工程量 = $[(6.6-0.12\times2)\times6+(3.3-0.12\times2)\times2+(5.1-0.12\times2)\times2+(4.8-0.12\times2)\times2+(3.9-0.12\times2)\times4]\times3.6-1.2\times2.1-0.9\times2.0\times3\times2-2.7\times1.8\times2-1.8\times1.8\times2$

= 250.42m²

清单工程量计算见下表:

清单工程量计算表

项目编码	项目名称	项目特征描述	计量单位	工程量
020101001001	墙面一般抹灰	240mm 厚混凝土墙,内墙面采用 16mm 厚 1:3 石灰砂浆普通抹灰	m²	250.42

第二章 墙柱面工程(B.2)

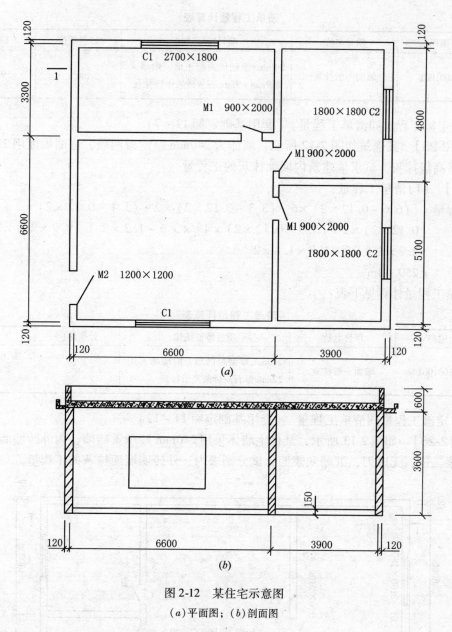

图 2-12 某住宅示意图
(a)平面图；(b)剖面图

(2)定额工程量同清单工程量。(套用基础定额 11 - 2)

【例 2-24】 某住宅如图 2-12 所示，墙体为 240mm 厚轻质混凝土墙，内墙采用 9mm + 9mm 石灰砂浆中级抹灰，试求该住宅内墙面抹灰的工程量。

【解】 (1)清单工程量：

工程量 = [(6.6 - 0.12×2)×6 + (3.3 - 0.12×2)×2 + (5.1 - 0.12×2)×2 + (4.8 - 0.12×2)×2 + (3.9 - 0.12×2)×4]×3.6 - 1.2×2.1 - 0.9×2.0×3×2 - 2.7×1.8×2 - 1.8×1.8×2

= 250.42m²

清单工程量计算见下表：

清单工程量计算表

项目编码	项目名称	项目特征描述	计量单位	工程量
020201001001	墙面一般抹灰	240mm 厚轻质混凝土墙，内墙采用 9mm＋9mm 石灰砂浆中级抹灰	m²	250.42

(2) 定额工程量同清单工程量。(套用基础定额 11-7)

【例 2-25】 某建筑如图 2-12 所示，墙体为 240mm 厚钢板网墙，内墙墙面用 22mm 厚石灰砂浆高级抹灰，试求该建筑内墙面抹灰的工程量。

【解】 (1) 清单工程量：

工程量 = $[(6.6-0.12\times2)\times6+(3.3-0.12\times2)\times2+(5.1-0.12\times2)\times2+(4.8-0.12\times2)\times2+(3.9-0.12\times2)\times4]\times3.6-1.2\times2.1-0.9\times2.0\times3\times2-2.7\times1.8\times2-1.8\times1.8\times2$

$= 250.42\text{m}^2$

清单工程量计算见下表：

清单工程量计算表

项目编码	项目名称	项目特征描述	计量单位	工程量
020201001001	墙面一般抹灰	240mm 厚钢板网墙，内墙墙面用 22mm 厚石灰砂浆高级抹灰	m²	250.42

(2) 定额工程量同清单工程量。(套用基础定额 11-12)

【例 2-26】 如图 2-13 所示，某住宅墙体采用 240mm 厚承重砖墙，内外砖墙墙面均抹石灰砂浆二遍，无麻刀，纸筋灰浆面，试分别求内、外砖墙墙面抹灰的工程量。

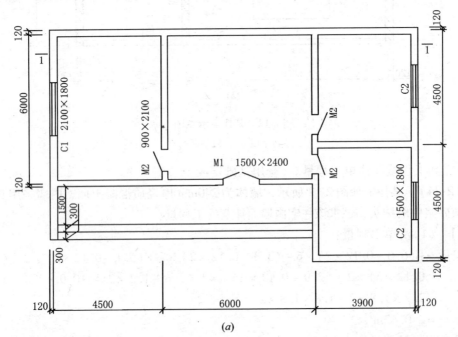

(a)

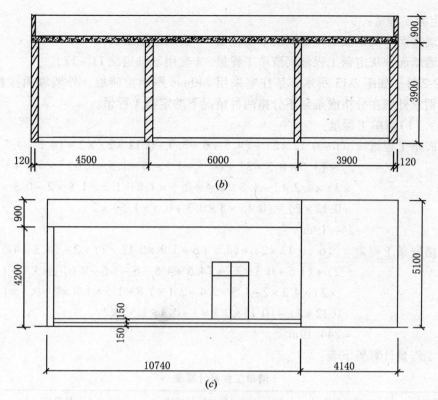

图 2-13 某住宅示意图
(a)某住宅平面图；(b)某住宅剖面图；(c)某住宅正立面图

【解】 (1)清单工程量：
内砖墙墙面抹灰工程量 = [(6 − 0.12 × 2) × 6 + (4.5 − 0.12 × 2) × 6 + (3.9 − 0.12 × 2) × 4] × 3.9 − 0.9 × 2.1 × 2 × 3 − 1.5 × 2.4 − 2.1 × 1.8 − 1.5 × 1.8 × 2
= 267.44 m²

外砖墙墙面抹灰的清单工程量 = {[(6 + 0.12 × 2) + (4.5 + 6 + 3.9 + 0.12 × 2) × 2 + (4.5 + 4.5 + 0.12 × 2) + (1.5 + 0.3 × 2) + (4.5 + 4.5 − 6 − 1.5 − 0.6)] × 5.1 − 1.5 × 2.4 − 2.1 × 1.8 − 1.5 × 1.8 × 2 − 0.3 × (4.5 + 6 − 0.12 × 2) − (0.15 × (1.5 + 0.3) + 1.5 + 0.3 × 2 × 0.15 × 1.5 + 0.3 × 2) × 2 + (1.5 + 0.3 × 2) × 2 × 4.2} m²
= 244.19 m²

清单工程量计算见下表：

清单工程量计算表

项目编码	项目名称	项目特征描述	计量单位	工程量
020201001001	墙面一般抹灰	240mm 厚承重砖墙，内外砖墙墙面均抹石灰砂浆二遍，无麻刀，纸筋灰浆面	m²	267.44 + 244.19 = 511.63

(2)定额工程量：

内砖墙墙面抹灰定额工程量同清单工程量。(套用基础定额11-18)

外砖墙墙面抹灰定额工程量同清单工程量。(套用基础定额11-17)

【例2-27】 如图2-13所示，某住宅采用240mm厚承重砖墙，外墙墙面抹粗砂灰二遍，试分别求外墙在分格嵌条与不分格两种情况下的定额工程量。

【解】 (1)清单工程量：

分格嵌条工程量 = $[(6+0.12\times2)+(4.5+6+3.9+0.12\times2)\times2+(4.5+4.5+0.12\times2)+(1.5+0.3\times2)+(4.5+4.5-6-1.5-0.6)]\times5.1+(1.5+0.3\times2)\times4.2\times2-1.5\times2.4-2.1\times1.8-1.5\times1.8\times2-0.3\times(4.5+6-0.12\times2)-(0.15\times3\times0.3+0.3\times1.5)\times2$

$= 244.19 m^2$

不分格嵌条工程量 = $[(6+0.12\times2)+(4.5+6+3.9+0.12\times2)\times2+(4.5+4.5+0.12\times2)+(1.5+0.3\times2)+(4.5+4.5-6-1.5-0.6)]\times5.1+(1.5+0.3\times2)\times4.2\times2-1.5\times2.4-2.1\times1.8-1.5\times1.8\times2-0.3\times(4.5+6-0.12\times2)-(0.15\times0.3\times3+0.3\times1.5)\times2$

$= 244.19 m^2$

清单工程量计算见下表：

清单工程量计算表

项目编码	项目名称	项目特征描述	计量单位	工程量
020201001001	墙面一般抹灰	外墙墙面抹粗砂灰二遍，分格嵌条	m^2	244.19
020201001002	墙面一般抹灰	外墙墙面抹粗砂灰二遍，不分格嵌条	m^2	244.19

(2)定额工程量：

分格嵌条定额工程量同清单工程量。(套用基础定额11-19)

不分格嵌条定额工程量同清单工程量。(套用基础定额11-20)

【例2-28】 如图2-13所示建筑物中，外墙墙面采用毛石墙面，墙面抹石灰砂浆，试求外墙面抹灰的工程量。

【解】 (1)清单工程量：

工程量 = $[(6+0.12\times2)+(4.5+6+3.9+0.12\times2)\times2+(4.5+4.5+0.12\times2)+(1.5+0.3\times2)+(4.5+4.5-6-1.5-0.6)]\times5.1+(1.5+0.3\times2)\times4.2\times2-1.5\times2.4-2.1\times1.8-1.5\times1.8\times2-0.3\times(4.5+6-0.12\times2)-(0.15\times0.3\times3+0.3\times1.5)\times2$

$= 244.19 m^2$

清单工程量计算见下表：

清单工程量计算表

项目编码	项目名称	项目特征描述	计量单位	工程量
020201001001	墙面一般抹灰	外墙墙面采用毛石墙面，墙面抹石灰砂浆	m^2	244.19

(2)定额工程量同清单工程量。(套用基础定额 11-21)

【例2-29】 如图2-13所示建筑物中，外墙墙面抹石灰砂浆，一遍成活，试求该建筑外墙面抹灰的工程量。

【解】 (1)清单工程量：

工程量 = [(6+0.12×2)+(4.5+6+3.9+0.12×2)×2+(4.5+4.5+0.12×2)+
(1.5+0.3×2)+(4.5+4.5-6-1.5-0.6)]×5.1+(1.5+0.3×2)×4.2
×2-1.5×2.4-2.1×1.8-1.5×1.8×2-0.3×(4.5+6-0.12×2)-
(0.15×3×0.3+0.3×1.5)×2
= 244.19m²

清单工程量计算见下表：

清单工程量计算表

项目编码	项目名称	项目特征描述	计量单位	工程量
020201001001	墙面一般抹灰	外墙墙面抹石灰砂浆，一遍成活	m²	244.19

(2)定额工程量同清单工程量。(套用基础定额 11-22)

【例2-30】 如图2-14所示，某住宅墙体为240mm厚砖墙，外墙面做墙裙，墙裙高1.5m，墙裙抹水泥砂浆二道，中级抹灰，试求墙裙抹灰的工程量。

【解】 (1)清单工程量：

工程量 = [(4.5+4.5+0.12×2)×2+(3.9+3.9+0.12×2)×2+1.5×4]×1.5-
0.3×(4.5+4.5+0.12×2)-0.3×1.5×2-1.2×1.2
= 55.73m²

清单工程量计算见下表：

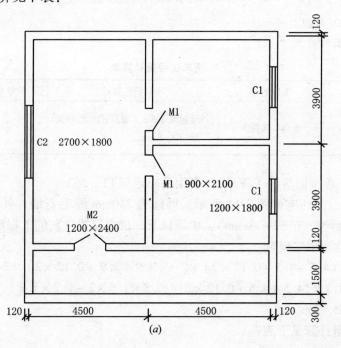

(a)

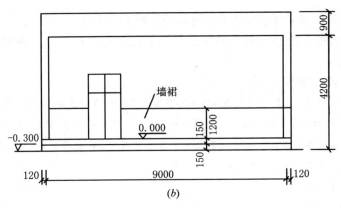

图 2-14 某住宅示意图
(a)平面图；(b)正立面图

清单工程量计算表

项目编码	项目名称	项目特征描述	计量单位	工程量
020201001001	墙面一般抹灰	墙裙高1.5m，墙裙抹水泥砂浆两道，中级抹灰	m²	55.73

(2)定额工程量同清单工程量。(套用基础定额11-25)

【例2-31】 如图2-14所示，某住宅墙体为240mm厚混凝土墙，外墙面做墙裙，墙裙高1.5m，墙裙抹水泥砂浆二道(12+8mm)，试求墙裙抹灰的工程量。

【解】 (1)清单工程量：

工程量 = [(4.5 + 4.5 + 0.12 × 2) × 2 + (3.9 + 3.9 + 0.12 × 2) × 2 + 1.5 × 4] × 1.5 -
0.3 × (4.5 + 4.5 + 0.12 × 2) - 0.3 × 1.5 × 2 - 1.2 × 1.2
= 55.73m²

清单工程量计算见下表：

清单工程量计算表

项目编码	项目名称	项目特征描述	计量单位	工程量
020201001001	墙面一般抹灰	外墙裙高1.5m，墙裙抹水泥砂浆二道(12+8mm)	m²	55.73

(2)定额工程量同清单工程量。(套用基础定额11-26)

【例2-32】 某住宅如图2-14所示，墙体为240mm厚毛石墙，外墙墙面做墙裙，高1.5m，抹水泥砂浆二道(24+6mm)，中级抹灰，试求墙裙抹灰的工程量。

【解】 (1)清单工程量：

工程量 = [(4.5 + 4.5 + 0.12 × 2) × 2 + (3.9 + 3.9 + 0.12 × 2) × 2 + 1.5 × 4] × 1.5 -
0.3 × (4.5 + 4.5 + 0.12 × 2) - 0.3 × 1.5 × 2 - 1.2 × 1.2
= 55.73m²

清单工程量计算见下表：

清单工程量计算表

项目编码	项目名称	项目特征描述	计量单位	工程量
020201001001	墙面一般抹灰	240mm 厚毛石墙，外墙裙高 1.5m，抹水泥砂浆二道（24 + 6mm），中级抹灰	m²	55.73

(2)定额工程量同清单工程量。（套用基础定额 11 - 27）

【例2-33】 某住宅如图2-14所示，墙体为240mm厚钢板网墙，外墙墙面做墙裙，高1.5m，抹水泥砂浆二道(14 + 6mm)，试求墙裙抹灰的工程量。

【解】（1）清单工程量：

$$工程量 = [(4.5 + 4.5 + 0.12 \times 2) \times 2 + (3.9 + 3.9 + 0.12 \times 2) \times 2 + 1.5 \times 4] \times 1.5 - \\ 0.3 \times (4.5 + 4.5 + 0.12 \times 2) - 0.3 \times 1.5 \times 2 - 1.2 \times 1.2$$
$$= 55.73 m^2$$

清单工程量计算见下表：

清单工程量计算表

项目编码	项目名称	项目特征描述	计量单位	工程量
020201001001	墙面一般抹灰	墙体为240mm厚钢板网墙，外墙裙高 1.5m，抹水泥砂浆二道（14mm + 6mm）	m²	55.73

(2)定额工程量同清单工程量。（套用基础定额 11 - 28）

【例2-34】 某住宅如图2-14所示，墙体为240mm厚泡沫混凝土轻质墙，外墙墙面做墙裙，高1.5m，抹水泥砂浆二道(14mm + 6mm)，试求墙裙抹灰的工程量。

【解】（1）清单工程量：

$$工程量 = [(4.5 + 4.5 + 0.12 \times 2) \times 2 + (3.9 + 3.9 + 0.12 \times 2) \times 2 + 1.5 \times 4] \times 1.5 - \\ 0.3 \times (4.5 + 4.5 + 0.12 \times 2) - 0.3 \times 1.5 \times 2 - 1.2 \times 1.2$$
$$= 55.73 m^2$$

清单工程量计算见下表：

清单工程量计算表

项目编码	项目名称	项目特征描述	计量单位	工程量
020201001001	墙面一般抹灰	240mm 厚泡沫混凝土轻质墙，外墙裙高 1.5m，抹水泥砂浆二道（14mm + 6mm）	m²	55.73

(2)定额工程量同清单工程量。（套用基础定额 11 - 29）

【例2-35】 某住宅如图2-15所示，墙体为240mm厚砖墙，外墙墙面做墙裙，高1.5m，墙裙抹混合砂浆(14mm + 6mm)，试求墙裙抹灰的工程量。

【解】（1）清单工程量：

$$工程量 = [(6 + 6 + 0.12 \times 2) \times 2 + (3.6 + 4.5 + 3.6 + 0.12 \times 2) \times 2] \times 1.5 + (6 + 6 - \\ 7.2) \times 2 \times 1.2 - 1.2 \times 1.2 - (4.5 - 0.12 \times 2) \times 0.3 - 0.24 \times 0.3 \times 2$$
$$= 81.20 m^2$$

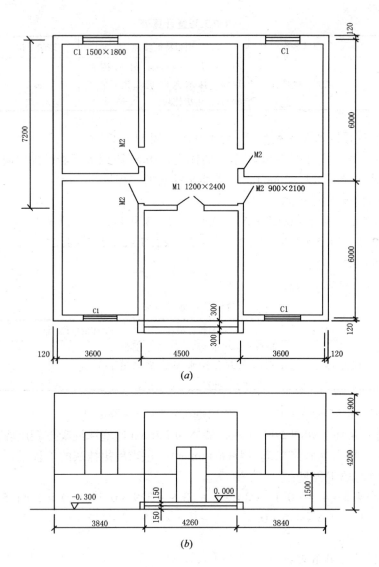

图 2-15 某住宅示意图
(a)平面图；(b)正立面图

清单工程量计算见下表：

清单工程量计算表

项目编码	项目名称	项目特征描述	计量单位	工程量
020201001001	墙面一般抹灰	240mm厚砖墙，外墙裙高1.5m，墙裙抹混合砂浆(14mm+6mm)	m²	81.20

(2)定额工程量同清单工程量。(套用基础定额 11-36)

【例2-36】 某住宅如图2-15所示，墙体为240mm厚混凝土墙，外墙墙面做墙裙，高1.5m,墙裙抹混合砂浆(12mm+8mm)，试求墙裙抹灰的工程量。

【解】 (1)清单工程量：

工程量 = [(6+6+0.12×2)×2+(3.6+4.5+3.6+0.12×2)×2]×1.5+(6+6-

$$7.2) \times 2 \times 1.2 - 1.2 \times 1.2 - (4.5 - 0.12 \times 2) \times 0.3 - 0.24 \times 0.3 \times 2$$
$$= 81.20 \text{m}^2$$

清单工程量计算见下表:

清单工程量计算表

项目编码	项目名称	项目特征描述	计量单位	工程量
020201001001	墙面一般抹灰	240mm 厚混凝土墙,外墙裙高1.5m,墙裙抹混合砂浆(12mm+8mm)	m²	81.20

(2)定额工程量同清单工程量。(套用基础定额 11-37)

【例2-37】 某住宅如图2-15所示,墙体为240mm厚毛石墙,外墙墙面做墙裙,高1.5m,墙裙抹混合砂浆(24mm+6mm),试求墙裙抹灰的工程量。

【解】 (1)清单工程量:
$$工程量 = [(6+6+0.12\times2)\times2 + (3.6+4.5+3.6+0.12\times2)\times2] \times 1.5 + (6+6-$$
$$7.2)\times2\times1.2 - 1.2\times1.2 - (4.5-0.12\times2)\times0.3 - 0.24\times0.3\times2$$
$$= 81.20\text{m}^2$$

清单工程量计算见下表:

清单工程量计算表

项目编码	项目名称	项目特征描述	计量单位	工程量
020201001001	墙面一般抹灰	240mm 厚毛石墙,外墙裙高1.5m,墙裙抹混合砂浆(24mm+6mm)	m²	81.20

(2)定额工程量同清单工程量。(套用基础定额 11-38)

【例2-38】 某住宅如图2-15所示,墙体为240mm厚钢板网墙,外墙墙面作墙裙,高1.5m,墙裙抹混合砂浆(14mm+6mm),试求墙裙抹灰的工程量。

【解】 (1)清单工程量:
$$工程量 = [(6+6+0.12\times2)\times2 + (3.6+4.5+3.6+0.12\times2)\times2] \times 1.5 + (6+6-$$
$$7.2)\times2\times1.2 - 1.2\times1.2 - (4.5-0.12\times2)\times0.3 - 0.24\times0.3\times2$$
$$= 81.20\text{m}^2$$

清单工程量计算见下表:

清单工程量计算表

项目编码	项目名称	项目特征描述	计量单位	工程量
020201001001	墙面一般抹灰	240mm 厚钢板网墙,外墙裙高1.5m,墙裙抹混合砂浆(14mm+6mm)	m²	81.20

(2)定额工程量同清单工程量。(套用基础定额 11-39)

【例2-39】 某住宅如图2-15所示,墙体为240mm厚轻骨料混凝土墙,外墙墙面作墙裙,高1.5m,墙裙抹混合砂浆(14mm+6mm),试求墙裙抹灰的工程量。

【解】 (1)清单工程量：

工程量 = [(6 + 6 + 0.12 × 2) × 2 + (3.6 + 4.5 + 3.6 + 0.12 × 2) × 2] × 1.5 + (6 + 6 − 7.2) × 1.2 × 2 − 1.2 × 1.2 − (4.5 − 0.12 × 2) × 0.3 − 0.24 × 0.3 × 2

= 81.20 m²

清单工程量计算见下表：

清单工程量计算表

项目编码	项目名称	项目特征描述	计量单位	工程量
020201001001	墙面一般抹灰	240mm厚轻骨料混凝土墙，外墙裙高1.5m，墙裙抹混合砂浆（14mm + 6mm）	m²	81.20

(2)定额工程量同清单工程量。（套用基础定额11 − 40）

【例2-40】 某住宅如图2-16所示，墙体为240mm厚砖墙，柱为400mm × 400mm砖柱，内墙（柱）面抹石膏砂浆，试求内墙（柱）面抹灰的工程量。

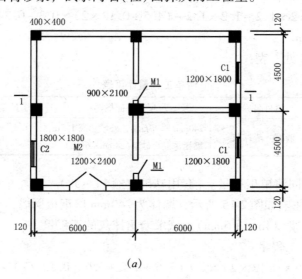

(a)

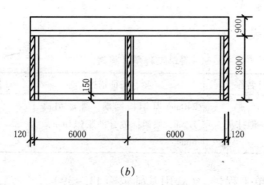

(b)

图2-16 某住宅示意图
(a)平面图；(b)剖面图

【解】（1）清单工程量：

工程量 = [(6 - 0.12 × 2) × 6 + (4.5 - 0.12 × 2) × 4 + (9 - 0.12 × 2) × 2 + (0.4 - 0.24) × 2 × 2] × 3.9 - 1.2 × 1.8 × 2 - 1.8 × 1.8 - 1.2 × 2.4 - 0.9 × 2.1 × 2 × 2
= 254.06 m²

清单工程量计算见下表：

清单工程量计算表

项目编码	项目名称	项目特征描述	计量单位	工程量
020201001001	墙面一般抹灰	240mm 厚砖墙，柱为 400mm × 400mm 砖柱，内墙（柱）面抹石膏砂浆	m²	254.06

（2）定额工程量同清单工程量。（套用基础定额 11 - 47）

混凝土墙柱面抹石膏砂浆计算方法同砖墙柱面抹石膏砂浆，套用基础定额 11 - 48。

【例2-41】 某住宅如图 2-15 所示，墙体为加气混凝土条板墙，若墙体厚度为 390mm，墙裙抹 TG 砂浆（8mm），试求该住宅墙裙抹灰的工程量。

【解】（1）清单工程量：

工程量 = [(6 + 6 + 0.195 × 2) × 2 + (3.6 + 4.5 + 3.6 + 0.195 × 2) × 2] × 1.5 + (6 + 6 - 7.2) × 2 × 1.2 - 1.2 × 1.2 - (4.5 - 0.195 × 2) × 0.3 - 0.39 × 0.3 × 2
= 82.05 m²

清单工程量计算见下表：

清单工程量计算表

项目编码	项目名称	项目特征描述	计量单位	工程量
020201001001	墙面一般抹灰	390mm 厚加气混凝土条板墙，墙裙抹 TG 砂浆（8mm）	m²	82.05

（2）定额工程量同清单工程量。（套用基础定额 11 - 51）

加气混凝土砌块墙墙裙抹 TG 砂浆工程量计算方法同加气混凝土条板墙，套定额 11 - 52。

【例2-42】 某住宅如图 2-15 所示，墙厚为 240mm，若外墙墙面做 1.5m 高墙裙，墙裙上墙面用石英砂浆搓砂墙面（14mm + 8mm），试计算墙面分格嵌木条与不分格两种情况下的工程量。

【解】（1）清单工程量：

分格嵌木条工程量 = [(6 + 6 + 0.12 × 2) × 2 + (3.6 + 4.5 + 3.6 + 0.12 × 2) × 2] × (5.1 - 1.5) + (6 + 6 - 7.2) × 2 × (4.2 - 1.2) - 1.5 × 1.8 × 4 - 1.2 × 1.2
= 184.9 m²

清单工程量计算见下表：

清单工程量计算表

项目编码	项目名称	项目特征描述	计量单位	工程量
020201001001	墙面一般抹灰	外墙裙高1.5m，墙裙上墙面用石英砂浆搓砂墙面（14mm+8mm），分格嵌木条	m²	184.90
020201001002	墙面一般抹灰	外墙裙高1.5m，墙裙上墙面用石英砂浆搓砂墙面（14mm+8mm），不分格嵌条	m²	184.90

（2）定额工程量同清单工程量。（套用基础定额11-53）

不分格情况下的清单工程量与定额工程量同分格嵌木条情况下的清单工程量与定额工程量。（套用基础定额11-54）

【例2-43】 某住宅如图2-15所示，墙体为240mm厚砖墙，外墙墙面做1.5m高墙裙，墙裙抹珍珠岩浆（23mm），试求墙裙抹灰的工程量。

【解】 （1）清单工程量：

工程量 = [(6+6+0.12×2)×2+(3.6+4.5+3.6+0.12×2)×2]×1.5+(6+6-7.2)×1.2×2-1.2×1.2-(4.5-0.12×2)×0.3-0.24×0.3×2
= 81.20m²

清单工程量计算见下表：

清单工程量计算表

项目编码	项目名称	项目特征描述	计量单位	工程量
020201001001	墙面一般抹灰	240mm厚砖墙，外墙裙高1.5m，墙裙抹珍珠岩浆（23mm）	m²	81.20

（2）定额工程量同清单工程量。（套用基础定额11-55）

若墙体改为240mm厚混凝土墙，其他条件不变，则其清单工程量与定额工程量同上。（套用基础定额11-56）

项目编码：020202001　项目名称：柱面一般抹灰

【例2-44】 如图2-17所示，某正八边形独立砖柱，柱面抹20mm厚石灰砂浆，高级抹灰，试求该独立柱抹灰的工程量。

【解】 （1）清单工程量：

工程量 = (0.49×8)×3.6 = 14.11m²

清单工程量计算见下表：

清单工程量计算表

项目编码	项目名称	项目特征描述	计量单位	工程量
020202001001	柱面一般抹灰	正八边形独立砖柱，柱面抹20mm厚石灰砂浆，高级抹灰	m²	14.11

(2)定额工程量同清单工程量。(套用基础定额 11 – 13)

多边形独立砖柱面抹水泥砂浆工程量计算方法同上。(套用基础定额 11 – 32)

多边形独立砖柱面抹混合砂浆工程量计算方法同上。(套用基础定额 11 – 43)

【例2-45】 如图 2-18 所示,某六边形混凝土独立柱,柱面抹 20mm 厚石灰砂浆,高级抹灰,试求该独立柱抹灰的清单工程量和定额工程量。

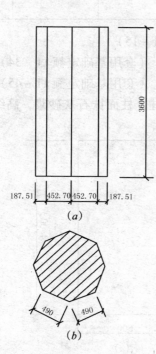

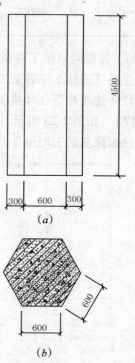

图 2-17 某独立多边形砖柱
(a)立面图;(b)平面图

图 2-18 某独立多边形混凝土柱
(a)立面图;(b)平面图

【解】 (1)清单工程量:

工程量 = $(0.6 \times 6) \times 4.5 = 16.20 \text{m}^2$

清单工程量计算见下表:

清单工程量计算表

项目编码	项目名称	项目特征描述	计量单位	工程量
020202001001	柱面一般抹灰	六边形混凝土独立柱,柱面抹 20mm 厚石灰砂浆,高级抹灰	m²	16.20

(2)定额工程量同清单工程量。(套用基础定额 11 – 14)

多边形独立混凝土柱面抹水泥砂浆工程量计算方法同上。(套定额 11 – 33)

多边形独立混凝土柱面抹混合砂浆工程量计算方法同上。(套定额 11 – 44)

【例2-46】 如图 2-19 所示,某矩形独立砖柱,柱面抹石灰砂浆,高级抹灰,试求该独立柱,柱面抹灰的工程量。

【解】 (1)清单工程量:

工程量 = (0.49 + 0.37) × 2 × 4.20 = 7.22m²

清单工程量计算见下表：

清单工程量计算表

项目编码	项目名称	项目特征描述	计量单位	工程量
020202001001	柱面一般抹灰	矩形独立砖柱，柱面抹石灰砂浆，高级抹灰	m²	7.22

（2）定额工程量同清单工程量。（套用基础定额11-15）

矩形独立砖柱面抹水泥砂浆工程量计算方法同上。（套用基础定额11-34）

矩形独立砖柱面抹混合砂浆工程量计算方法同上。（套用基础定额11-45）

【例2-47】 如图2-20所示，某矩形混凝土独立柱，柱面抹石灰砂浆，高级抹灰，试求该独立柱柱面抹灰的工程量。

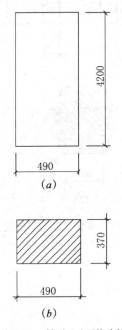

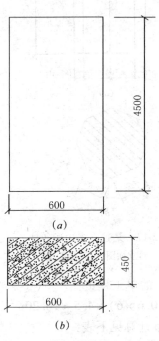

图2-19 某独立矩形砖柱　　　　　图2-20 某矩形混凝土独立柱
(a)立面图；(b)平面图　　　　　　(a)立面图；(b)平面图

【解】 （1）清单工程量：

工程量 = (0.60 + 0.45) × 2 × 4.5
     = 9.45m²

清单工程量计算见下表：

清单工程量计算表

项目编码	项目名称	项目特征描述	计量单位	工程量
020202001001	柱面一般抹灰	矩形混凝土独立柱，柱面抹石灰砂浆，高级抹灰	m²	9.45

(2)定额工程量同清单工程量。(套用基础定额11-16)

矩形混凝土柱面抹水泥砂浆工程量计算方法同上。(套用基础定额11-35)

矩形混凝土柱面抹混合砂浆工程量计算方法同上。(套用基础定额11-46)

项目编码：020201002　项目名称：墙面装饰抹灰

【例2-48】　如图2-21所示为某试验室，试验室外墙面做墙裙，高1.65m，墙裙上部墙面用水刷豆石装饰，试求外墙墙面装饰抹灰的工程量。

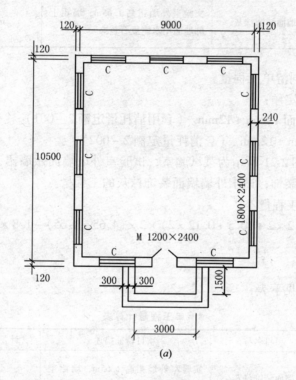

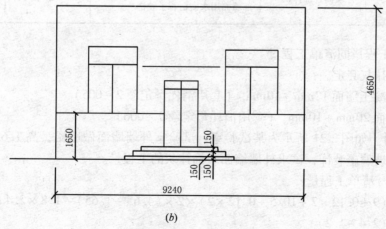

图2-21　某试验室示意图
(a)平面图；(b)立面图

【解】 (1)清单工程量：

工程量 $= (9 + 0.12 \times 2 + 10.5 + 0.12 \times 2) \times 2 \times (4.65 - 1.65) - 1.8 \times 2.4 \times 11 - 1.2 \times (2.4 - 1.2)$

$= 70.92 \text{m}^2$

清单工程量计算见下表：

清单工程量计算表

项目编码	项目名称	项目特征描述	计量单位	工程量
020201002001	墙面装饰抹灰	实验室外墙裙高1.65m，墙裙上部墙面用水刷豆石装饰	m²	70.92

(2)定额工程量同清单工程量。

墙面装饰抹灰套定额：

1)砖、混凝土墙面12mm + 12mm。（套用消耗量定额2 - 001）

2)毛石墙面18mm + 12mm。（套消耗量定额2 - 002）

【例2-49】 如图2-21所示为某试验室，试验室外墙墙面做墙裙，高1.65m，墙裙上部墙面用水刷白石子装饰，试求外墙墙面装饰抹灰的工程量。

【解】 (1)清单工程量：

工程量 $= (9 + 0.12 \times 2 + 10.5 + 0.12 \times 2) \times 2 \times (4.65 - 1.65) - 1.8 \times 2.4 \times 11 - 1.2 \times (2.4 - 1.2)$

$= 70.92 \text{m}^2$

清单工程量计算见下表：

清单工程量计算表

项目编码	项目名称	项目特征描述	计量单位	工程量
020201002001	墙面装饰抹灰	实验室外墙裙高1.65m，墙裙上部墙面用水刷白石子装饰	m²	70.92

(2)定额工程量同清单工程量。

墙面装饰抹灰套定额：

1)砖、混凝土墙面12mm + 10mm。（套用消耗量定额2 - 005）

2)毛石墙面20mm + 10mm。（套用消耗量定额2 - 006）

【例2-50】 如图2-21所示为某试验室，试验室外墙墙面做墙裙，高1.65m，墙裙上部墙面用水刷玻璃碴装饰，试求外墙墙面装饰抹灰的工程量。

【解】 (1)清单工程量：

工程量 $= (9 + 0.12 \times 2 + 10.5 + 0.12 \times 2) \times 2 \times (4.65 - 1.65) - 1.8 \times 2.4 \times 11 - 1.2 \times (2.4 - 1.2)$

$= 70.92 \text{m}^2$

清单工程量计算见下表：

清单工程量计算表

项目编码	项目名称	项目特征描述	计量单位	工程量
020201002001	墙面装饰抹灰	实验室外墙裙高 1.65m，墙裙上部墙面用水刷玻璃碴装饰	m^2	70.92

(2)定额工程量同清单工程量。

墙面装饰抹灰套定额：

1)外墙面为砖、混凝土墙面 12mm + 12mm。（套用消耗量定额 2 - 009）

2)外墙面为毛石墙面 18mm + 12mm。（套用消耗量定额 2 - 010）

【例 2-51】 如图 2-21 所示为某试验室，试验室外墙墙面做墙裙，高 1.65m，墙裙上部墙面用干粘石装饰，试求外墙墙面装饰抹灰的工程量。

【解】 (1)清单工程量：

工程量 $= (9 + 0.12 \times 2 + 10.5 + 0.12 \times 2) \times 2 \times (4.65 - 1.65) - 1.8 \times 2.4 \times 11 - 1.2 \times (2.4 - 1.2)$

$= 70.92 m^2$

清单工程量计算见下表：

清单工程量计算表

项目编码	项目名称	项目特征描述	计量单位	工程量
020201002001	墙面装饰抹灰	实验室外墙裙高 1.65m，墙裙上部墙面用干粘石装饰	m^2	70.92

(2)定额工程量同清单工程量。

墙面装饰抹灰套定额：

1)干粘白石子　砖、混凝土墙面 18mm。（套用消耗量定额 2 - 013）
　　　　　　　毛石墙面 30mm。（套用消耗量定额 2 - 014）

2)干粘玻璃碴　砖、混凝土墙面 18mm。（套用消耗量定额 2 - 017）
　　　　　　　毛石墙面 30mm。（套用消耗量定额 2 - 018）

【例 2-52】 如图 2-21 所示为某试验室，试验室外墙墙面做墙裙，高 1.65m，墙裙上部墙面采用斩假石装饰，试求墙面装饰工程的工程量。

【解】 (1)清单工程量：

工程量 $= (9 + 0.12 \times 2 + 10.5 + 0.12 \times 2) \times 2 \times (4.65 - 1.65) - 1.8 \times 2.4 \times 11 - 1.2 \times (2.4 - 1.2)$

$= 70.92 m^2$

清单工程量计算见下表：

清单工程量计算表

项目编码	项目名称	项目特征描述	计量单位	工程量
020201002001	墙面装饰抹灰	实验室外墙裙高 1.65m，墙裙上部墙面采用斩假石装饰	m^2	70.92

(2)定额工程量同清单工程量。

墙面装饰抹灰套定额:

1)砖、混凝土墙面 12mm + 10mm。(套用消耗量定额 2 - 021)

2)毛石墙面 18mm + 10mm。(套用消耗量定额 12 - 022)

【例 2-53】 如图 2-21 所示为某试验室,试验室外墙墙面做墙裙,高 1.65m,墙裙上部墙面用拉条灰、甩毛灰装饰,试求墙面装饰工程的工程量。

【解】 (1)清单工程量:

工程量 = (9 + 0.12 × 2 + 10.5 + 0.12 × 2) × 2 × (4.65 - 1.65) - 1.8 × 2.4 × 11 - 1.2 × (2.4 - 1.2)

= 70.92m²

清单工程量计算见下表:

清单工程量计算表

项目编码	项目名称	项目特征描述	计量单位	工程量
020201002001	墙面装饰抹灰	实验室外墙裙高 1.65m,墙裙上部墙面用拉条灰、甩毛灰装饰	m²	70.92

(2)定额工程量同清单工程量。

墙面装饰套定额:

1)墙面拉条　砖墙面 14mm + 10mm。(套用消耗量定额 2 - 025)

　　　　　　混凝土墙面 10mm + 14mm。(套用消耗量定额 2 - 026)

2)墙面甩毛　砖墙面 12mm + 6mm。(套用消耗量定额 2 - 027)

　　　　　　混凝土墙面 10mm + 6mm。(套用消耗量定额 2 - 028)

【例 2-54】 如图 2-21 所示为某试验室,试验室外墙墙面做墙裙,高 1.65m,墙裙上部墙面分格嵌缝,试求墙面装饰的工程量。

【解】 (1)清单工程量:

工程量 = (9 + 0.12 × 2 + 10.5 + 0.12 × 2) × (4.65 - 1.65) - 1.8 × 2.4 × 11 - 1.2 × (2.4 - 1.2)

= 70.92m²

清单工程量计算见下表:

清单工程量计算表

项目编码	项目名称	项目特征描述	计量单位	工程量
020201002001	墙面装饰抹灰	实验室外墙裙高 1.65m,墙裙上部墙面分格嵌缝	m²	70.92

(2)定额工程量同清单工程量。

墙面装饰套定额:

玻璃嵌缝套用消耗量定额 2 - 029。

分格套用消耗量定额 2 - 030。

项目编码：020202002　　项目名称：柱面装饰抹灰

【例2-55】 某独立柱如图2-22所示，柱面用水刷石装饰，试求该独立柱装饰面的工程量。

【解】 （1）清单工程量：

工程量 $= \pi DH = 3.14 \times 0.8 \times 3.6 = 9.04 m^2$

清单工程量计算见下表：

清单工程量计算表

项目编码	项目名称	项目特征描述	计量单位	工程量
020202002001	柱面装饰抹灰	独立圆柱面用水刷石装饰	m²	9.04

（2）定额工程量：

定额工程量同清单工程量。

柱面抹灰套定额：

1）水刷豆面柱面套用消耗量定额2-003。

2）水刷白石子柱面套用消耗量定额2-007。

3）水刷玻璃碴柱面套用消耗量定额2-011。

【例2-56】 某独立柱如图2-23所示，柱面用干粘石装饰，试求该独立柱装饰面的工程量。

【解】 （1）清单工程量：

工程量 $= 0.6 \times 6 \times 4.8 = 17.28 m^2$

清单工程量计算见下表：

清单工程量计算表

项目编码	项目名称	项目特征描述	计量单位	工程量
020202002001	柱面装饰抹灰	正六边形独立柱用干粘石装饰	m²	17.28

（2）定额工程量同清单工程量。

柱面装饰套定额：

1）干粘白石子柱面套用消耗量定额2-015。

2）干粘玻璃碴柱面套用消耗量定额2-019。

【例2-57】 某正六边形独立柱如图2-23所示，柱面用斩假石装饰，试求该柱装饰面的工程量。

【解】 （1）清单工程量：

工程量 $= 0.6 \times 6 \times 4.8 = 17.28 m^2$

清单工程量计算见下表：

清单工程量计算表

项目编码	项目名称	项目特征描述	计量单位	工程量
020202002001	柱面装饰抹灰	正六边形独立柱面用斩假石装饰	m²	17.28

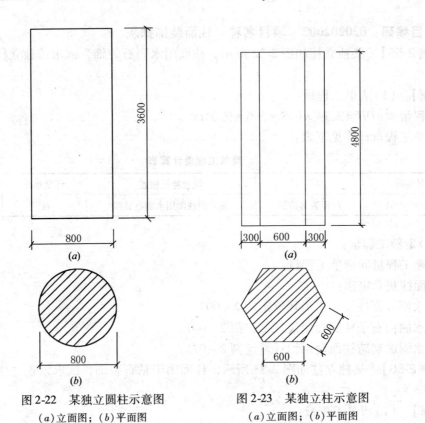

图 2-22 某独立圆柱示意图
(a)立面图；(b)平面图

图 2-23 某独立柱示意图
(a)立面图；(b)平面图

(2)定额工程量：

定额工程量同清单工程量。（套用消耗量定额 2－023）

项目编码：020201003　　项目名称：墙面勾缝

【例2-58】 如图2-24所示为某住宅示意图，该住宅外墙部分墙面做1.2米高墙裙，

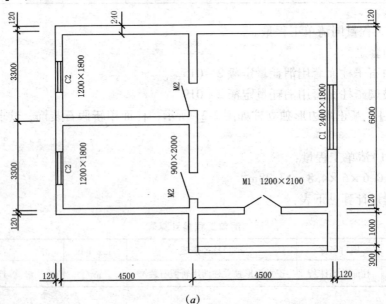

(a)

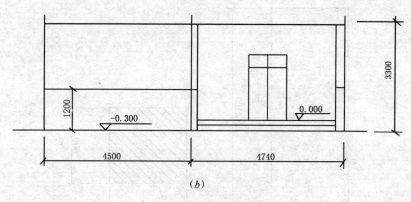

(b)

图 2-24 某住宅示意图
(a)平面图；(b)正立面图

墙裙上部墙面砌筑部分用水泥砂浆勾缝，试求外墙面勾缝的工程量。

【解】 (1)清单工程量：

$$\begin{aligned}工程量 &= (3.3\times 2 + 0.12\times 2 + 6.6 + 0.12\times 2 + 1 + 0.3 + 1 + 0.3 + 4.5 + 0.12\times 2 + 0.24 \\ &\quad + 4.5\times 2 + 0.12\times 2)\times(3.3 - 1.2) + (4.5 - 0.12\times 2)\times(3.3 - 0.3) - 1.2\times \\ &\quad 1.8\times 2 - 2.4\times 1.8 - 1.2\times 2.1 \\ &= 65.67\mathrm{m}^2\end{aligned}$$

清单工程量计算见下表：

清单工程量计算表

项目编码	项目名称	项目特征描述	计量单位	工程量
020201003001	墙面勾缝	住宅外墙裙高1.2m，墙裙上部墙面砌筑部分用水泥砂浆勾缝	m²	65.67

(2)定额工程量：

定额工程量同清单工程量。

墙面勾缝套定额：

1)砖墙勾凹缝套用基础定额 11 - 64。

2)石墙勾凸缝套用基础定额 11 - 65。

3)石墙勾凹缝套用基础定额 11 - 66。

项目编码：020202003   项目名称：柱面勾缝

【例2-59】 如图2-25所示某独立柱，柱面用水泥砂浆勾缝，试求独立柱面勾缝的工程量。

【解】 (1)清单工程量：

工程量 $= 0.6\times 4\times 4.5 = 10.80\mathrm{m}^2$

清单工程量计算见下表：

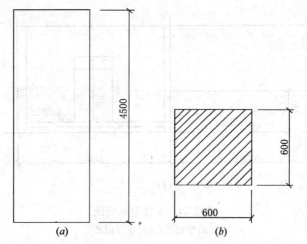

图 2-25 某独立柱示意图
(a)立面图；(b)平面图

清单工程量计算表

项目编码	项目名称	项目特征描述	计量单位	工程量
020202003001	柱面勾缝	独立柱柱面用水泥砂浆勾缝	m²	10.80

(2)定额工程量：
定额工程量同清单工程量。(套用基础定额 11-64)

【例 2-60】 如图 2-26 所示，计算柱高 4.5m 方柱挂贴大理石装饰工程量。

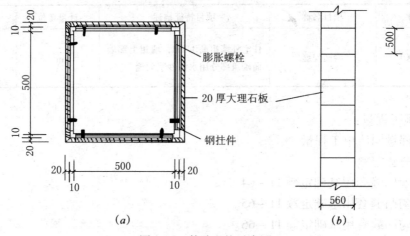

图 2-26 某独立柱示意图
(a)平面图；(b)立面图

【解】 (1)定额工程量：
工程量 = (0.5 + 0.01×2 + 0.02×2)×4×4.5
= 10.08m²(套用消耗量定额 2-034)
(2)清单工程量：
工程量 = 10.08m²

清单工程量计算见下表:

清单工程量计算表

项目编码	项目名称	项目特征描述	计量单位	工程量
020205001001	石材柱面	方柱挂贴大理石装饰	m²	10.08

注:柱面装饰工程量均按设计图示饰面外围尺寸以面积计。

【例2-61】 如图2-27所示,计算铝合金玻璃隔断的工程量。

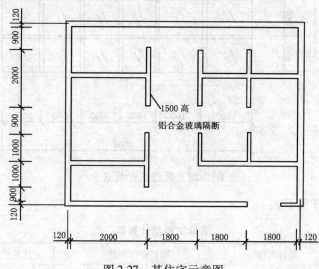

图2-27 某住宅示意图

【解】 (1)定额工程量:

工程量 = [(2+3.6)×2 + (1-0.12)×10] × 1.5
      = 30.00m²(套用消耗量定额2-237)

(2)清单工程量:

工程量 = 30.00m²

清单工程量计算见下表:

清单工程量计算表

项目编码	项目名称	项目特征描述	计量单位	工程量
020209001001	隔断	铝合金玻璃隔断	m²	30.00

注:隔断工程量按图示外围尺寸以面积计算,定额与清单工程量计算规则相同。

【例2-62】 如图2-28所示,求带骨架全玻璃幕墙工程量。

【解】 (1)定额工程量:

工程量 = 9.6 × 5.4 = 51.84m²(套用消耗量定额2-275)

(2)清单工程量:

工程量 = 9.6 × 5.4 = 51.84m²

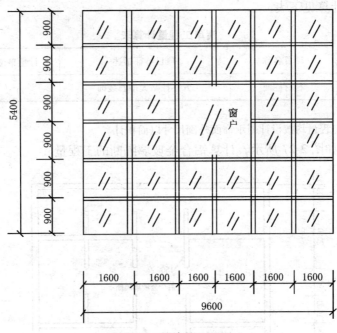

图 2-28 某建筑立面图

清单工程量计算见下表：

清单工程量计算表

项目编码	项目名称	项目特征描述	计量单位	工程量
020210001001	带骨架幕墙	带骨架全玻璃幕墙	m²	51.84

注：带骨架玻璃幕墙，工程量按幕墙外围尺寸以面积计，不扣除同材质的窗户所占面积。

【例 2-63】 如图 2-29 所示，计算全玻幕墙的工程量。

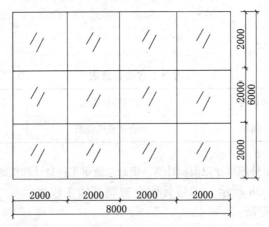

图 2-29 某建筑立面图

【解】 （1）定额工程量：
工程量 $= 8 \times 6 = 48.00 \text{m}^2$（套用消耗量定额 2-275）

(2)清单工程量：
工程量 = 8×6 = 48.00m²
清单工程量计算见下表：

清单工程量计算表

项目编码	项目名称	项目特征描述	计量单位	工程量
020210002001	全玻幕墙	全玻幕墙	m²	48.00

注：全玻幕墙的工程量按设计图示尺寸以面积计算，带肋幕墙按展开面积计算，清单与定额计算规则相同。

【例2-64】 如图2-30所示，一幕墙为全玻带肋幕墙，试计算其工程量。

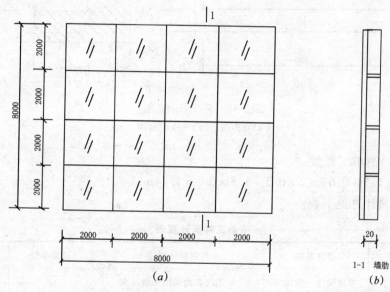

图 2-30 某建筑立面图
(a)平面图；(b)1-1剖面图

【解】 (1)定额工程量：
工程量 = 8×8 + 8×0.02×6(肋)
= 64.98m²（套用消耗量定额2-280）
(2)清单工程量：
工程量 = 64.98m²
清单工程量计算见下表：

清单工程量计算表

项目编码	项目名称	项目特征描述	计量单位	工程量
020210002001	全玻幕墙	全玻带肋幕墙	m²	64.98

注：定额与清单计算规则相同。

项目编码：020203001　项目名称：零星项目一般抹灰

【例2-65】 某壁柜如图2-31所示，壁柜内表面采用一般抹灰，试求壁柜抹灰的工程量。

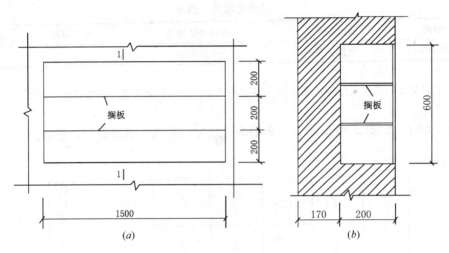

图 2-31　某壁柜示意图
(a)立面图；(b)1—1剖面图

【解】 (1)清单工程量：

工程量 = $(1.5 + 0.6) \times 2 \times 0.2 + 1.5 \times 0.6 = 1.74 \text{m}^2$

清单工程量计算见下表：

清单工程量计算表

项目编码	项目名称	项目特征描述	计量单位	工程量
020203001001	零星项目一般抹灰	壁柜内表面采用一般抹灰	m²	1.74

(2)定额工程量：

定额工程量同清单工程量。

1) 壁柜抹石灰砂浆。(套用基础定额11-23)
2) 壁柜抹水泥砂浆。(套用基础定额11-30)
3) 壁柜抹混合砂浆。(套用基础定额11-41)
4) 壁柜抹石膏砂浆。(套用基础定额11-49)

项目编码：020203002　项目名称：零星项目装饰抹灰

【例2-66】 某阳台如图2-32所示，阳台底板厚120mm，阳台实拦板厚120mm，拦板内墙面采用装饰抹灰，试求阳台栏板的工程量。

【解】 (1)清单工程量：

工程量 = $(2.00 - 0.06 + 3.00 - 0.06) \times (1.32 - 0.12) = 5.86 \text{m}^2$

清单工程量计算见下表：

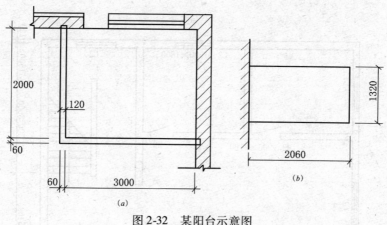

图 2-32 某阳台示意图
(a)平面图；(b)立面图

清单工程量计算表

项目编码	项目名称	项目特征描述	计量单位	工程量
020203002001	零星项目装饰抹灰	阳台拦板厚120mm，内墙面采用装饰抹灰	m²	5.86

(2)定额工程量：

定额工程量同清单工程量。

1)栏板抹水刷石　水刷豆石套用消耗量定额 2-004。

　　　　　　　　水刷白石子套用消耗量定额 2-008。

　　　　　　　　水刷玻璃碴套用消耗量定额 2-012。

2)栏板抹干粘石　干粘白石子套用消耗量定额 2-016。

　　　　　　　　干粘玻璃碴套用消耗量定额 2-020。

3)栏板抹斩假石套用消耗量定额 2-024。

项目编码：020204001　项目名称：石材墙面

【例 2-67】 某住宅楼如图 2-33 所示，住宅外墙表面采用石材墙面试求该住宅楼外墙面装饰工程的工程量。

【解】 (1)清单工程量：

工程量 = [(3.9 + 0.15 + 4.2) × (11.74 × 2 + 12.84) + 1.0 × 3.9 × 2 + (12.6 - 0.24) × 3.9 - 1.8 × 1.8 × 9 - 1.5 × 1.8 × 4 - 1.5 × 2.4] + 0.24 × (3.9 + 0.15) × 2 + 12.84 × 4.2

= 367.96 m²

清单工程量计算见下表：

清单工程量计算表

项目编码	项目名称	项目特征描述	计量单位	工程量
020204001001	石材墙面	住宅外墙表面采用石材墙面	m²	367.96

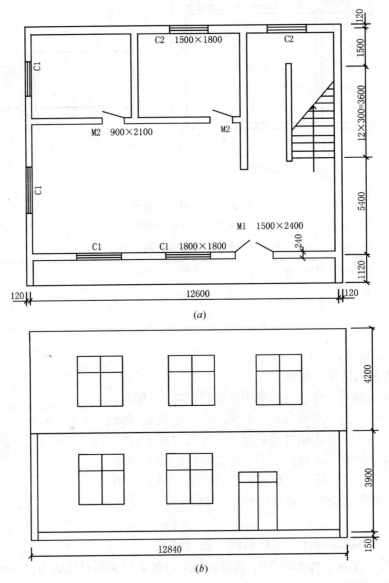

图 2-33 某住宅示意图
(a)平面图；(b)正立面图

(2)定额工程量：

定额工程量同清单工程量。

外墙面装饰套定额：

1)挂贴大理石　砖墙面套用消耗量定额 2-031。

　　　　　　　混凝土墙面套用消耗量定额 2-032。

2)水泥砂浆粘贴大理石　砖墙面套用消耗量定额 2-041。

　　　　　　　　　　　混凝土墙面套用消耗量定额 2-042。

3)干粉型粘结剂粘贴大理石　套用消耗量定额 2-044。

4)干挂大理石墙面　密缝套用消耗量定额 2-046。

勾缝套用消耗量定额2-047。
5)挂贴花岗石　砖墙面套用消耗量定额2-049。
　　　　　　　混凝土墙面套用消耗量定额2-050。
6)水泥砂浆粘贴花岗石　砖墙面套用消耗量定额2-059。
　　　　　　　　　　　混凝土墙面套用消耗量定额2-060。
7)干粉型粘结剂粘贴花岗石套用消耗量定额2-062。
8)干挂花岗岩墙面　密缝套用消耗量定额2-064。
　　　　　　　　　勾缝套用消耗量定额2-065。
9)凹凸假麻石块(水泥砂浆粘贴)墙面套用消耗量定额2-080。
10)凹凸假麻石块(干粉型粘结剂粘贴)墙面套用消耗量定额2-083。

项目编码：020204002　项目名称：碎拼石材墙面

【例2-68】 某住宅楼如图2-33所示，住宅外墙表面采用碎拼石材装饰，试求该住宅楼外墙面装饰工程的工程量。

【解】 (1)清单工程量：

工程量 = [3.9 + 0.15 + 4.21 × (11.74 × 2 + 12.84) + 1.0 × 3.9 × 2 + (12.6 - 0.24) × 3.9 - 1.8 × 1.8 × 9 - 1.5 × 1.8 × 4 - 1.5 × 2.4] + 0.24 × 4.05 × 2 + 12.84 × 4.2
　　　　= 367.96m²

清单工程量计算见下表：

清单工程量计算表

项目编码	项目名称	项目特征描述	计量单位	工程量
020204002001	碎拼石材墙面	住宅外墙表面采用碎拼石材装饰	m²	367.96

(2)定额工程量：

定额工程量同清单工程量。

1)外墙面拼碎大理石　砖墙面套用消耗量定额2-036。
　　　　　　　　　　混凝土墙面套用消耗量定额2-037。
2)外墙面拼碎花岗石　砖墙面套用消耗量定额2-054。
　　　　　　　　　　混凝土墙面套用消耗量定额2-055。

项目编码：020204003　项目名称：块料墙面

【例2-69】 某住宅楼如图2-33所示，住宅外墙表面采用块料墙面，试求该住宅楼外墙面装饰工程的工程量。

【解】 (1)清单工程量：

工程量 = [3.9 + 0.15 + 4.21 × (11.74 × 2 + 12.84) + 1.0 × 3.9 × 2 + (12.6 - 0.24) × 3.9 - 1.8 × 1.8 × 9 - 1.5 × 1.8 × 4 - 1.5 × 2.4] + 0.24 × 4.05 × 2 + 12.84 × 4.2
　　　　= 367.96m²

清单工程量计算见下表：

清单工程量计算表

项目编码	项目名称	项目特征描述	计量单位	工程量
020204003001	块料墙面	住宅外墙表面采用块料墙面	m²	367.96

（2）定额工程量：

定额工程量同清单工程量。

外墙面抹灰套定额：

1）水泥砂浆粘贴陶瓷锦砖　　　套用消耗量定额 2-086。

2）干粉型粘结剂粘贴陶瓷锦砖　　套用消耗量定额 2-089。

3）水泥砂浆粘贴玻璃马赛克　　套用消耗量定额 2-092。

4）干粉型粘结剂粘贴玻璃马赛克　　套用消耗量定额 2-095。

5）水泥砂浆粘贴瓷板 152mm×152mm　　套用消耗量定额 2-098。

6）干粉型粘结剂粘贴瓷板 152mm×152mm　　套用消耗量定额 2-101。

7）水泥砂浆粘贴瓷板 200mm×150mm　　套用消耗量定额 2-104。

8）干粉型粘结剂粘贴瓷板 200mm×150mm　　套用消耗量定额 2-106。

9）水泥砂浆粘贴 95mm×95mm 面砖　　面砖灰缝 5mm 套用消耗量定额 2-124。

　　　　　　　　　　　　　　　　　面砖灰缝 10mm 以内套用消耗量定额 2-125。

　　　　　　　　　　　　　　　　　面砖灰缝 20mm 以内套用消耗量定额 2-126。

10）干粉型粘结剂粘贴 95mm×95mm 面砖　　面砖灰缝 5mm 套用消耗量定额 2-127。

　　　　　　　　　　　　　　　　　面砖灰缝 10mm 以内套用消耗量定额 2-128。

　　　　　　　　　　　　　　　　　面砖灰缝 20mm 以内套用消耗量定额 2-129。

11）水泥砂浆粘贴 150mm×75mm 面砖　　面砖灰缝 5mm 套用消耗量定额 2-130。

　　　　　　　　　　　　　　　　　面砖灰缝 10mm 以内套用消耗量定额 2-131。

　　　　　　　　　　　　　　　　　面砖灰缝 20mm 以内套用消耗量定额 2-132。

12）干粉型粘结剂粘贴 150mm×75mm 面砖　　面砖灰缝 5mm 套用消耗量定额 2-133。

　　　　　　　　　　　　　　　　　面砖灰缝 10mm 以内套用消耗量定额 2-134。

　　　　　　　　　　　　　　　　　面砖灰缝 20mm 以内套用消耗量定额 2-135。

13）水泥砂浆粘贴 194mm×194mm 面砖　　面砖灰缝 5mm 套用消耗量定额 2-136。

　　　　　　　　　　　　　　　　　面砖灰缝 10mm 以内套用消耗量定额 2-137。

　　　　　　　　　　　　　　　　　面砖灰缝 20mm 以内套用消耗量定额 2-138。

14）干粉型粘结剂粘贴 194mm×194mm 面砖　　面砖灰缝 5mm 套用消耗量定额 2-139。

　　　　　　　　　　　　　　　　　面砖灰缝 10mm 以内套用消耗量定额 2-140。

　　　　　　　　　　　　　　　　　面砖灰缝 20mm 以内套用消耗量定额 2-141。

15）水泥砂浆粘贴 240mm×60mm 面砖　　面砖灰缝 5mm 套用消耗量定额 2-142。

　　　　　　　　　　　　　　　　　面砖灰缝 10mm 以内套用消耗量定额 2-143。

面砖灰缝20mm以内套用消耗量定额2-144。

16) 干粉型粘结剂粘贴240mm×60mm面砖　面砖灰缝5mm套用消耗量定额2-145。

面砖灰缝10mm以内套用消耗量定额2-146。

面砖灰缝20mm以内套用消耗量定额2-147。

17) 水泥砂浆粘贴面砖　周长在800mm以内套用消耗量定额2-148。

周长在1200mm以内套用消耗量定额2-149。

周长在1600mm以内套用消耗量定额2-150。

18) 干粉型粘结剂粘贴面砖　周长在800mm以内套用消耗量定额2-151。

周长在1200mm以内套用消耗量定额2-152。

周长在1600mm以内套用消耗量定额2-153。

19) 水泥砂浆粘贴面砖　周长在2000mm以内套用消耗量定额2-154。

周长在2400mm以内套用消耗量定额2-155。

周长在3200mm以内套用消耗量定额2-156。

20) 干粉型粘贴面砖　周长在2000mm以内套用消耗量定额2-157。

周长在2400mm以内套用消耗量定额2-158。

周长在3200mm以内套用消耗量定额2-159。

21) 面砖1000mm×800mm　膨胀螺栓干挂套用消耗量定额2-160。

钢丝网挂贴套用消耗量定额2-161。

型钢龙骨干挂套用消耗量定额2-162。

22) 面砖1200mm×1000mm　膨胀螺栓干挂套用消耗量定额2-163。

钢丝网挂贴套用消耗量定额2-164。

型钢龙骨干挂套用消耗量定额2-165。

【例2-70】　如图2-34所示为某厨房，厨房下部墙面作墙裙，高1.5m，上部墙面用803内墙涂料装饰，墙裙用瓷板(或文化石)装饰，试求墙裙装饰工程的工程量。

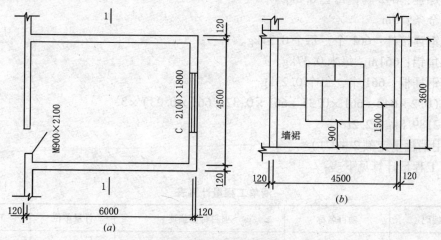

图2-34　某厨房示意图
(a)平面图；(b)侧立面图

【解】 (1)清单工程量：

工程量 $= [(4.5-0.12\times2)\times2+(6-0.12\times2)\times2]\times1.5-0.9\times1.5-(1.5-0.9)\times2.1$

$= 27.45\text{m}^2$

清单工程量计算见下表：

清单工程量计算表

项目编码	项目名称	项目特征描述	计量单位	工程量
020204003001	块料墙面	厨房下部墙面作墙裙，墙裙用瓷板装饰	m²	27.45

(2)定额工程量：

定额工程量同清单工程量。

墙裙贴块材套定额：

1)瓷板 200mm×200mm　砂浆粘贴套用消耗量定额 2-108。

　　　　　　　　　　　干粉型粘结剂粘贴套用消耗量定额 2-110。

2)瓷板 200mm×250mm　砂浆粘贴套用消耗量定额 2-112。

　　　　　　　　　　　干粉型粘结剂粘贴套用消耗量定额 2-114。

3)瓷板 200mm×300mm　砂浆粘贴套用消耗量定额 2-116。

　　　　　　　　　　　干粉型粘结剂粘贴套用消耗量定额 2-118。

4)文化石　砂浆粘贴套用消耗量定额 2-120。

　　　　　干粉型粘结剂粘贴套用消耗量定额 2-122。

项目编码：020204004　项目名称：干挂石材钢骨架

【例2-71】 建筑物外墙全部采用干挂花岗石共 300m²，计算该干挂花岗石钢龙骨工程量。

【解】 经查相关资料，每 100m² 花岗石钢龙骨用料如下：

膨胀螺栓：642 套，每套 0.2kg

铝合金条：0m

不锈钢连接件：661 个，每个 0.31kg。

电化角铝：661m，每米 0.37kg。

不锈钢插棍：661 个，每个 0.23kg。

M = (0.2×642 + 661×0.31 + 661×0.37 + 661×0.23)×3

　= 2189.8kg ≈ 2.2t

(套用消耗量定额 2-071)

清单工程量计算见下表：

清单工程量计算表

项目编码	项目名称	项目特征描述	计量单位	工程量
020204004001	干挂石材钢骨架	外墙采用干挂花岗石钢龙骨装饰	t	2.2

项目编码：020205001　项目名称：石材柱面

【例2-72】 某柱如图2-35所示，共有8根，柱镶贴石材面料，求其石材柱面工程量。

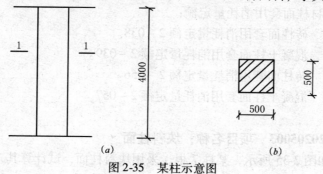

图2-35　某柱示意图
(a)立面图；(b)1-1剖面图

【解】 (1)清单工程量：

工程量 = $0.5 \times 4 \times 4 \times 8 = 64.00 m^2$

清单工程量计算见下表：

清单工程量计算表

项目编码	项目名称	项目特征描述	计量单位	工程量
020205001001	石材柱面	500mm×500mm 的方柱镶贴石材面料	m²	64.00

(2)定额工程量：

与清单工程量相同，即定额工程量 = $64.00 m^2$

注：柱镶贴石材面料套用消耗量定额：

1)挂贴大理石　砖柱面套用消耗量定额2-033。
　　　　　　　混凝土柱面套用消耗量定额2-034。
2)挂贴花岗岩　砖柱面套用消耗量定额2-051。
　　　　　　　混凝土柱面套用消耗量定额2-052。
3)凹凸假麻石块(水泥砂浆粘贴)柱面套用消耗量定额2-081。
　凹凸假麻石块(干粉型粘结剂粘贴)柱面套用消耗量定额2-084。
4)干挂大理石柱面套用消耗量定额2-048。
5)干挂花岗石柱面套用消耗量定额2-066。

项目编码：020205002　项目名称：拼碎石材柱面

【例2-73】 如图2-35所示，某柱6根，柱面采用拼碎石材柱面，求其工程量。

【解】 (1)清单工程量：

工程量 = $0.5 \times 4 \times 4 \times 6 = 48.00 m^2$

清单工程量计算见下表：

清单工程量计算表

项目编码	项目名称	项目特征描述	计量单位	工程量
020205002001	拼碎石材柱面	500mm×500mm 的方柱采用拼碎石材柱面	m²	48.00

(2)定额工程量：

与清单工程量相同，即定额工程量 = 48.00m²。

柱采用拼碎石材柱面套用消耗量定额：

1) 拼碎大理石　砖柱面套用消耗量定额 2 - 038。
　　　　　　　　混凝土柱面套用消耗量定额 2 - 039。
2) 拼碎花岗岩　砖柱面套用消耗量定额 2 - 056。
　　　　　　　　混凝土柱面套用消耗量定额 2 - 057。

项目编码：020205003　项目名称：块料柱面

【例2-74】　如图2-35所示，某柱7根，采用块料柱面，试计算其工程量。

【解】　(1)清单工程量：

工程量 = $0.5 \times 4 \times 4 \times 7 = 56.00 m^2$

清单工程量计算见下表：

清单工程量计算表

项目编码	项目名称	项目特征描述	计量单位	工程量
020205003001	块料柱面	500mm×500mm 的柱面采用块料柱面	m²	56.00

(2)定额工程量：

与清单工程量相同，即定额工程量 = 56.00m²。

柱采用块料柱面套用消耗量定额：

1) 陶瓷锦砖(水泥砂浆粘贴)方柱(梁)面套用消耗量定额 2 - 087。
陶瓷锦砖(干粉型粘结剂粘贴)方柱(梁)面套用消耗量定额 2 - 090。
2) 玻璃马赛克(水泥砂浆粘贴)方柱(梁)面套用消耗量定额 2 - 093。
玻璃锦砖(干粉型粘结剂粘贴)方柱(梁)面套用消耗量定额 2 - 096。
3) 瓷板 152mm×152mm(水泥砂浆粘贴)柱(梁)面套用消耗量定额 2 - 099。
瓷板 152mm×152mm(干粉型粘结剂粘贴)柱(梁)面套用消耗量定额 2 - 102。

项目编码：020205004　项目名称：石材梁面

【例2-75】　如图2-36所示，为某梁示意图，梁面用石材装饰，试求该装饰工程的工程量。

【解】　(1)清单工程量：

工程量 = $(0.4 + 0.6 \times 2) \times 6.6 = 10.56 m^2$

清单工程量计算见下表：

清单工程量计算表

项目编码	项目名称	项目特征描述	计量单位	工程量
020205004001	石材梁面	400mm×600mm 的梁面用石材装饰	m²	10.56

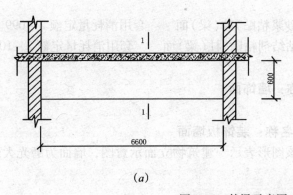 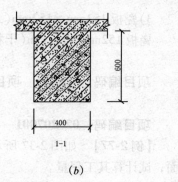

图 2-36 某梁示意图
(a)立面图；(b)剖面图

(2)定额工程量：
定额工程量同清单工程量。
石材梁面套定额：
1)挂贴大理石　套用消耗量定额 2-034。
2)拼碎大理石　套用消耗量定额 2-039。
3)干挂大理石　套用消耗量定额 2-048。
4)挂贴花岗石　套用消耗量定额 2-052。
5)拼碎花岗石　套用消耗量定额 2-057。
6)干挂花岗石　套用消耗量定额 2-066。
7)凹凸假麻石块(水泥砂浆粘贴)套用消耗量定额 2-081。
凹凸假麻石块(干粉型粘结剂粘贴)套用消耗量定额 2-084。

项目编码：020205005　项目名称：块料梁面

【例 2-76】 如图 2-36 所示，为某梁示意图，采用块料梁面，试求其清单工程量及定额工程量。

【解】 (1)清单工程量：
工程量 = $(0.4 + 0.6 \times 2) \times 6.6 = 10.56 \text{m}^2$
清单工程量计算见下表：

清单工程量计算表

项目编码	项目名称	项目特征描述	计量单位	工程量
020205005001	块料梁面	400mm×600mm 的块料梁面	m²	10.56

(2)定额工程量：
定额工程量同清单工程量。
块料梁面套定额：
1)陶瓷锦砖(水泥砂浆粘贴)方柱(梁)面　　套用消耗量定额 2-087。
陶瓷锦砖(干粉型粘结剂粘贴)方柱(梁)面　　套用消耗量定额 2-090。
2)玻璃马赛克(水泥砂浆粘贴)方柱(梁)面　　套用消耗量定额 2-093。
玻璃马赛克(干粉型粘结剂粘贴)方柱(梁)面　　套用消耗量定额 2-096。

3) 瓷板 152mm×152mm(水泥砂浆粘贴)柱(梁)面　　套用消耗量定额 2-099。
瓷板 152mm×152mm(干粉型粘结剂粘贴)柱(梁)面　　套用消耗量定额 2-102。

项目编码:020207　项目名称:墙饰面

项目编码:020207001　项目名称:装饰板墙面

【例 2-77】 如图 2-37 所示,该图形表示一建筑物立面示意图,墙面为磨光大理石贴面,试计算其工程量。

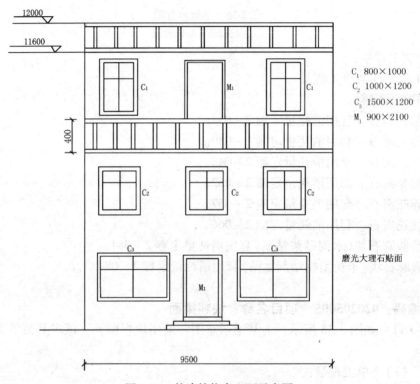

图 2-37　某建筑物南立面示意图

【解】 (1)清单工程量:
按设计图示墙净长乘以净高以面积计算,扣除门窗洞口及单个 0.3m^2 以上的孔洞面积。
总面积:$9.5 \times 11.6 = 110.20m^2$
门面积:$0.9 \times 2.1 \times 2 = 3.78m^2$
窗面积:C_1:$0.8 \times 1 \times 2 = 1.60m^2$
　　　　C_2:$1 \times 1.2 \times 3 = 3.60m^2$
　　　　C_3:$1.5 \times 1.2 \times 2 = 3.60m^2$
则窗面积为 $1.60 + 3.60 + 3.60 = 8.80m^2$
则大理石贴面的工程量为
$$110.20 - 3.78 - 8.80 = 97.62m^2$$
清单工程量计算见下表:

清单工程量计算表

项目编码	项目名称	项目特征描述	计量单位	工程量
020207001001	装饰板墙面	建筑物立面墙为磨光大理石贴面	m²	97.62

(2)定额工程量:

定额工程量同清单工程量。(套用消耗量定额2-031)

项目编码:020206　项目名称:零星镶贴块料

项目编码:020206001　项目名称:石材零星项目

【例2-78】 如图2-38,图为一建筑物底层平面图门的尺寸 M_1 为 1750mm×2075mm, M_2 为 1000mm×2400mm,该建筑物,自地面到1.2m处镶贴大理石墙裙,求大理石镶贴的工程量(墙厚为240mm)。

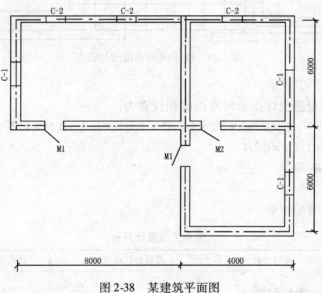

图2-38　某建筑平面图

【解】 (1)清单工程量:

大理石墙裙的工程量为设计图示尺寸以面积计算。墙裙面积为:

$(8+4+0.24+6+6+0.24) \times 2 \times 1.2 - 1.75 \times 2 \times 1.2$

$=58.752-4.2$

$=54.55 m^2$

清单工程量计算见下表:

清单工程量计算表

项目编码	项目名称	项目特征描述	计量单位	工程量
020206001001	石材零星项目	墙裙镶贴大理石面层	m²	54.55

(2)定额工程量:

定额工程量同清单工程量。(套用消耗量定额2-035)

项目编码：020206003   项目名称：块料零星项目

【例2-79】 某建筑物的洗手间地面采用陶瓷锦砖贴面，自室内地面至室内标高1.2m处亦采用陶瓷锦砖贴面，见图2-39 门的尺寸为900mm×2200mm，求陶瓷锦砖的工程量（镜台1500mm×500mm×80mm、浴池1600mm×800mm×40mm）。

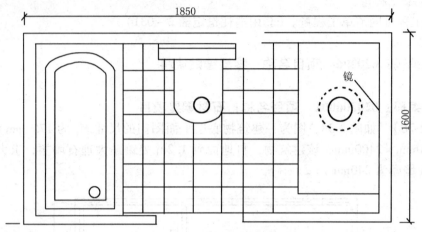

图2-39 洗手间陶瓷锦砖贴面图

【解】（1）清单工程量：
陶瓷锦砖工程量按设计图示尺寸以面积计算为：
$[(1.85×1.6)-1.6×0.8]+[2×(1.85+1.6)×1.2-0.9×1.2-1.5×(1.2-0.8)-(0.8+0.8+1.6)×0.04]$
$=6.472+1.68$
$=8.15m^2$
清单工程量计算见下表：

清单工程量计算表

项目编码	项目名称	项目特征描述	计量单位	工程量
020206003001	块料零星项目	自室内地面至室内标高1.2m处，采用陶瓷锦砖贴面	m²	8.15

（2）定额工程量：
定额工程量同清单工程量。（套用消耗量定额2-092）

项目编码：020208001   项目名称：柱(梁)面装饰

项目编码：020206002   项目名称：拼碎石材零星项目

项目编码：020208001   项目名称：柱(梁)面装饰

【例2-80】 如图2-40所示，为一框架结构门厅处某方柱的饰面示意图，外包不锈钢饰面，外围直径为900mm，柱高4.2m，试计算该柱的饰面工程量。

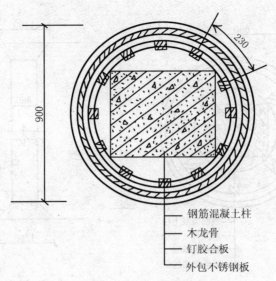

图 2-40 柱饰面示意图

【解】 (1)清单工程量:

根据工程量清单项目设置及工程量计算规则,可知

柱的饰面工程量 $= 0.9 \times \pi \times 4.2$

$\qquad = 11.87 m^2$

清单工程量计算见下表:

清单工程量计算表

项目编码	项目名称	项目特征描述	计量单位	工程量
020208001001	柱面装饰	方桩的饰面采用外包不锈钢饰面	m²	11.87

(2)定额工程量:

根据定额工程量计算规则可知

柱的饰面工程量与清单计算的相同,为 $11.87m^2$。(套用消耗量定额 2-251)

【例 2-81】 如图 2-41 所示,为某宾馆的门厅处的柱示意图,该柱内为方形,外面包镜面玻璃粘贴在胶合板上成圆形,做法如图所示,圆形木龙骨,胶合板基层上粘贴镜面玻璃,圆锥形柱帽柱脚做法一样。计算该柱饰面工程量。

【解】 (1)清单工程量:

根据工程量清单项目设置及工程量计算规则可知,柱身柱帽及柱脚应分别计算其工程量。

1)柱身工程量

①木龙骨外围直径 $= 850 - 24 = 826mm$

其工程量 $= 0.826 \times \pi \times 3.6 = 9.34m^2$

②胶合板基层外围直径 $= 850 - 2 \times 2 = 846mm$

其工程量 $= 0.846 \times \pi \times 3.6 = 9.57m^2$

③镜面玻璃面层直径 $= 850mm$,其工程量 $= 0.85 \times \pi \times 3.6 = 9.61m^2$

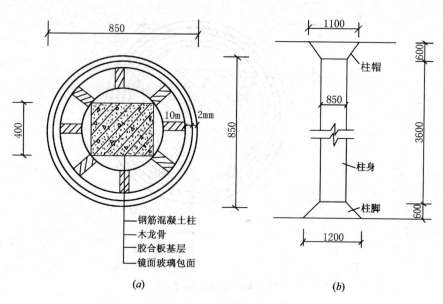

图 2-41 柱尺寸及饰面示意图
（a）平面图；（b）立面图

2）柱帽工程量

柱帽母线长 $l = \sqrt{125^2 + 600^2} = 613\,\mathrm{mm}$

①木龙骨工程量 $= \dfrac{\pi}{2} \times 0.613 \times (1.1 - 0.024 + 0.85 - 0.024)$

$\qquad = 1.83\,\mathrm{m}^2$

②胶合板基层工程量 $= \dfrac{\pi}{2} \times 0.613 \times (1.1 - 0.004 + 0.85 - 0.004)$

$\qquad = 1.87\,\mathrm{m}^2$

③镜面玻璃面层工程量 $= \dfrac{\pi}{2} \times 0.613 \times (1.1 + 0.85)$

$\qquad = 1.88\,\mathrm{m}^2$

3）柱脚工程量

柱脚母线长 $l' = \sqrt{175^2 + 600^2} = 625\,\mathrm{mm}$

①木龙骨工程量 $= \dfrac{\pi}{2} \times 0.625 \times (1.2 + 0.85 - 0.024 \times 2)$

$\qquad = 1.97\,\mathrm{m}^2$

②胶合板基层工程量 $= \dfrac{\pi}{2} \times 0.625 \times (1.2 + 0.85 - 0.004 \times 2)$

$\qquad = 2.01\,\mathrm{m}^2$

③镜面玻璃面层工程量 $= \dfrac{\pi}{2} \times 0.625 \times (1.2 + 0.85)$

$\qquad = 2.01\,\mathrm{m}^2$

则该柱的木龙骨工程量 $= 9.34 + 1.83 + 1.97 = 13.14\,\mathrm{m}^2$

胶合板基层工程量 = 9.57 + 1.87 + 2.01 = 13.44m²
镜面玻璃面层工程量 = 9.61 + 1.88 + 2.01 = 13.51m²
该柱的饰面总工程量 = 13.14 + 13.44 + 13.51 = 40.09m²
清单工程量计算见下表：

清单工程量计算表

项目编码	项目名称	项目特征描述	计量单位	工程量
020208001001	柱面装饰	方柱、木龙骨、胶合板基层，外面包镜面玻璃	m²	40.09

（2）定额工程量：
根据定额工程量计算规则可知
1）该柱的木龙骨工程量与清单计算的相同，为13.14m²。
2）柱的胶合板基层工程量与清单计算的相同，为13.44m²。
3）柱的镜面玻璃面层工程量与清单计算的相同，为13.51m²。
（套用消耗量定额 2-271）
注：定额中均未包括压条；收边；装饰线，若设计要求有压条，收边或装饰线时，则应另行计算出其工程量，然后执行相应的定额。

【例 2-82】 某会议室 6 根独立柱饰面示意图，如图 2-42 所示，试求这六根柱的饰面工程量。

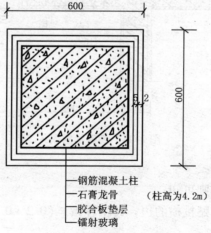

图 2-42 柱饰面示意图

【解】（1）清单工程量：
根据工程量清单项目设置及工程量计算规则可知：
1）石膏龙骨工程量 = (0.6 - 0.007) × 4 × 4.2 × 6
        = 59.77m²
2）胶合板基层工程量 = (0.6 - 0.002) × 4 × 4.2 × 6
        = 60.28m²
3）激光玻璃面层工程量 = 0.6 × 4 × 4.2 × 6 = 60.48m²

则该柱的饰面总工程量 $= 59.77 + 60.28 + 60.48 = 180.53 \text{m}^2$

清单工程量计算见下表：

清单工程量计算表

项目编码	项目名称	项目特征描述	计量单位	工程量
020208001001	柱面装饰	方柱，石膏龙骨，胶合板基层，激光玻璃面层	m²	180.53

（2）定额工程量：

1）柱的石膏龙骨工程量与清单计算的相同，为 59.77m^2。（套用消耗量定额2-185）

2）柱的胶合板基层工程量与清单计算的相同，为 60.28m^2。（套用消耗量定额2-188）

3）柱的激光玻璃面层工程量与清单计算的相同，为 60.48m^2。（套用消耗量定额2-194）

项目编码：020206002　项目名称：拼碎石材零星项目

【例2-83】 如图2-43所示，试计算粘贴预制水磨石的零星项目清单工程量和定额工程量。（图示为某建筑的挑檐示意图，用预制水磨石贴边，挑檐长度为12m）。

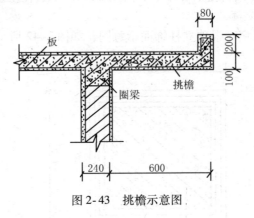

图2-43 挑檐示意图

【解】 （1）清单工程量：

根据工程量清单计算规则可知：

用砂浆粘贴预制水磨石贴挑檐的边，其工程量 $= (0.2 + 0.1 + 0.08) \times 12 + [0.1 \times 0.6 + 0.08 \times 0.2] \times 2$

$= 4.71 \text{m}^2$

清单工程量计算见下表：

清单工程量计算表

项目编码	项目名称	项目特征描述	计量单位	工程量
020206002001	拼碎石材零星项目	挑檐粘贴预制水磨石	m²	4.71

（2）定额工程量：

根据定额工程量计算规则可知定额工程量与清单工程量计算的方法相同，为 4.71m^2。

(套用基础定额：11-148)

【例2-84】 如图2-44所示，为某建筑物雨篷的示意图，采用凸凹假麻石块对其进行装饰，试求用砂浆粘贴凸凹假麻石块零星项目工程量(雨篷长度3m)。

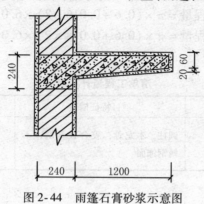

图2-44 雨篷石膏砂浆示意图

【解】 (1)清单工程量：

根据工程量清单计算规则，可知用凸凹假麻石块对雨篷进行装饰，其零星项目工程量 $= (0.06 + 0.02 + 0.06) \times \dfrac{1}{2} \times 1.2 \times 2 + 0.06 \times 3 = 0.39 \mathrm{m}^2$

清单工程量计算见下表：

清单工程量计算表

项目编码	项目名称	项目特征描述	计量单位	工程量
020206002001	拼碎石材零星项目	雨篷采用凸凹假麻石块装饰	m²	0.39

(2)定额工程量：

根据定额工程量计算规则可知定额工程量与清单计算的相同，为0.41m²。

(套用消耗量定额2-082)

项目编码：020208001   项目名称：柱(梁)面装饰

【例2-85】 如图2-45所示，为某一圆柱的饰面示意图，试计算其饰面工程量。

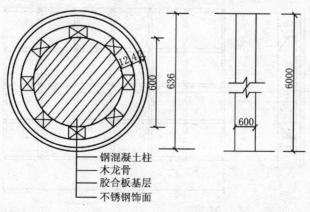

图2-45 圆柱饰面示意图

【解】 (1)清单工程量：

根据工程量清单计算规则可知

1) 圆柱的木龙骨工程量 $= \pi \times (0.6 + 0.012 \times 2) \times 6.0 = 11.76 \mathrm{m}^2$

2) 圆柱的胶合板基层工程量 $= \pi \times (0.6 + 0.016 \times 2) \times 6.0 = 11.91 \mathrm{m}^2$

3) 圆柱的不锈钢饰面工程量 $= \pi \times (0.6 + 0.018 \times 2) \times 6.0 = 11.99 \mathrm{m}^2$

清单工程量计算见下表：

清单工程量计算表

项目编码	项目名称	项目特征描述	计量单位	工程量
020208001001	柱面装饰	圆柱，木龙骨，胶合板基层，不锈钢饰面	m²	11.76 + 11.91 + 11.99 = 35.66

(2)定额工程量：

根据定额工程量计算规则可知

1) 圆柱的木龙骨工程量与清单的相同，为 $11.76 \mathrm{m}^2$。

套用消耗量定额：根据木龙骨的平均中距和断面面积来确定。

若木龙骨平均中距为50cm，断面面积25cm²，对应定额 2-177。

2) 圆柱的胶合板基层工程量与清单相同，为 $11.91 \mathrm{m}^2$。（套用消耗量定额 2-188）

3) 圆柱的不锈钢饰面工程量与清单计算的相同，为 $11.99 \mathrm{m}^2$。（套用消耗量定额 2-202）

项目编码：0202010　　项目名称：幕墙

项目编码：0202010001　　项目名称：带骨架幕墙

【例2-86】 已知如图2-46所示幕墙，计算图示尺寸幕墙的工程量。

【解】 (1)清单工程量：

带骨架幕墙工程量为 $S = 4.5 \times 3.6 = 16.20 \mathrm{m}^2$

清单工程量计算见下表：

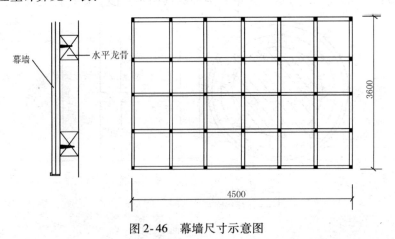

图2-46　幕墙尺寸示意图

清单工程量计算表

项目编码	项目名称	项目特征描述	计量单位	工程量
020210001001	带骨架幕墙	带骨架幕墙	m²	16.20

(2)定额工程量：

幕墙工程量为 S = 16.20m²

注：木龙骨基层是按双向计算的，设计为单向时，材料、人工用量乘以系数0.55。套用基础定额11-254。

项目编码：020210002　项目名称：全玻幕墙

【例2-87】 已知如图2-47所示，全玻幕墙，而且纵向带有肋玻璃，计算其工程量。

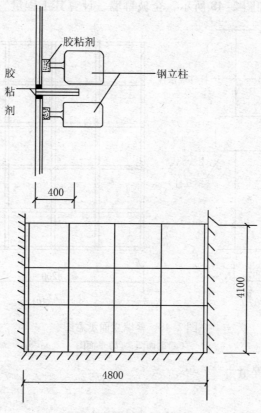

图2-47 幕墙立面示意图

【解】 (1)清单工程量：

幕墙工程量：

$S = 4.8 \times 4.1 + 4.1 \times 0.4 \times 3$

　　$= 19.68 + 4.92$

　　$= 24.60 \text{m}^2$

清单工程量计算见下表：

清单工程量计算表

项目编码	项目名称	项目特征描述	计量单位	工程量
020210002001	全玻幕墙	全玻幕墙，纵向带有肋玻璃	m²	24.60

(2) 定额工程量：

幕墙工程量：

$S = 24.60 m^2$

注：清单计算和定额计算中，带肋全玻幕墙均按展开面积计算。定额计算应套用消耗量定额 2-280。

项目编码：020210002　项目名称：全玻幕墙

【例 2-88】 已知如图 2-48 所示，全玻幕墙，计算其工程量。

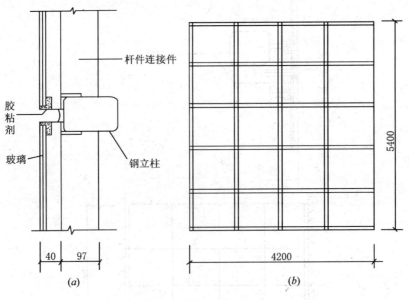

图 2-48　幕墙立面示意图
(a) 剖面图；(b) 平面图

【解】 (1) 清单工程量：

全玻幕墙工程量：

$$S = 4.2 \times 5.4 = 22.68 m^2$$

清单工程量计算见下表：

清单工程量计算表

项目编码	项目名称	项目特征描述	计量单位	工程量
020210002001	全玻幕墙	全玻璃幕墙	m²	22.68

(2)定额工程量:

玻璃幕墙工程量:

$S = 22.68m^2$

注:带肋全玻璃墙是指玻璃幕墙带玻璃肋,玻璃肋的工程量应合并在玻璃幕墙工程量内计算。套用消耗量定额2-280。

项目编码:020209　项目名称:隔断

项目编码:020209001　项目名称:隔断

【例2-89】 已知如图2-49所示木隔断,计算工程量。

【解】 (1)清单工程量:

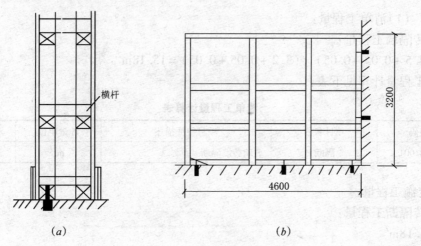

图2-49 木隔断示意图
(a)立面图;(b)平面图

隔断工程量:$S = 4.6 \times 3.2 = 14.72m^2$

清单工程量计算见下表:

清单工程量计算表

项目编码	项目名称	项目特征描述	计量单位	工程量
020209001001	隔断	木隔断	m²	14.72

(2)定额工程量:

木隔断工程量:$S = 14.72m^2$

套用消耗量定额11-258

项目编码:020209001　项目名称:隔断

【例2-90】 如图2-50所示,玻璃砖墙隔断,计算其工程量。

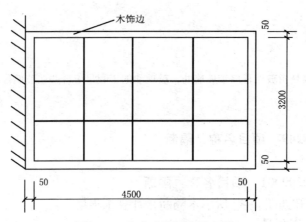

图 2-50 玻璃砖墙隔断示意图

【解】 (1)清单工程量：

玻璃砖隔墙工程量：

$S = (4.5 + 0.05 + 0.05) \times (3.2 + 0.05 + 0.05) = 15.18 \mathrm{m}^2$

清单工程量计算见下表：

清单工程量计算表

项目编码	项目名称	项目特征描述	计量单位	工程量
020209001001	隔断	玻璃砖墙隔断	m²	15.18

(2)定额工程量：

玻璃砖隔断工程量：

$S = 15.18 \mathrm{m}^2$

注：定额计算套用基础定额 11-259。

第三章 天棚工程(B.3)

【例3-1】 如图3-1所示计算天棚抹石灰砂浆工程量。

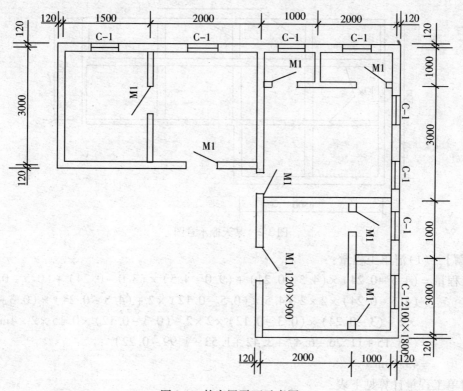

图3-1 某房屋平面示意图

【解】 (1)定额工程量：

工程量 = (3.0 − 0.24) × (1.5 − 0.24) + (3.0 − 0.24) × (2.0 − 0.24) + [(1.0 − 0.24) × (1.0 − 0.24) + (2.0 − 0.24) × (1.0 − 0.24) + (3.0 − 0.24) × (1.0 + 2.0 − 0.24) + (1.0 − 0.24) × (1.0 − 0.24) + (1.0 − 0.24) × (3.0 − 0.24) + (1.0 + 3.0 − 0.24) × (2.0 − 0.24)]

= 2.76 × 1.26 + 2.76 × 1.76 + (0.76 × 0.76 + 1.76 × 0.76 + 2.76 × 2.76 + 0.76 × 0.76 + 0.76 × 2.76 + 3.76 × 1.76)

= 3.48 + 4.86 + (0.58 + 1.34 + 7.62 + 0.58 + 2.1 + 6.62)

= 27.18m²(套用基础定额11 − 286)

(2)清单工程量：

清单工程量同定额工程量。

清单工程量计算见下表：

清单工程量计算表

项目编码	项目名称	项目特征描述	计量单位	工程量
020301001001	天棚抹灰	天棚抹石灰砂浆	m²	27.18

【例3-2】 如图3-2所示，已知主梁尺寸为500mm×300mm，次梁尺寸为300mm×150mm，板厚120mm，计算井字梁水泥砂浆天棚抹灰工程量。

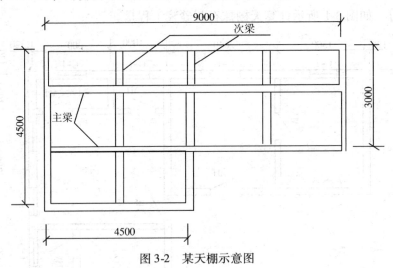

图3-2 某天棚示意图

【解】（1）清单工程量：

工程量 = $(4.5-0.24)×(4.5-0.24)+(9.0-4.5)×(3.0-0.24)+(0.5-0.12)×(4.5-0.24)×2×2+4.5×(0.5-0.12)×2+(4.5-0.24)×(0.3-0.12)×2+(3-0.24)×(0.3-0.12)×2×2-(0.3-0.12)×0.15×2×4 m^2$

= (18.15 + 11.76 + 6.47 + 3.42 + 1.53 + 1.99 - 0.22)

= 43.10m²

清单工程量计算见下表：

清单工程量计算表

项目编码	项目名称	项目特征描述	计量单位	工程量
020301001001	天棚抹灰	井字梁水泥砂浆天棚抹灰	m²	43.10

（2）定额工程量：

工程量 = $(4.5-0.24)×(4.5-0.24)+(9.0-4.5-0.24)×(3-0.24)+(0.5-0.12)×(4.5-0.24)×2×2+4.5×(0.5-0.12)×2+(4.5-0.24)×(0.3-0.12)×2+(3-0.24)×(0.3-0.12)×2×2-(0.3-0.12)×0.15×2×4 m^2$

= (18.15 + 11.76 + 6.47 + 3.42 + 1.53 + 1.99 - 0.22)

= 43.10m²（套用基础定额11-288）

【例3-3】 如图3-3所示，为小型住宅，为装配成U型轻钢天棚龙骨（不上人型），求其天棚装饰工程量。

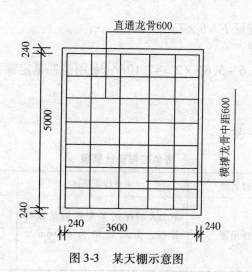

图 3-3 某天棚示意图

【解】 (1)清单工程量：

$3.6 \times 5 = 18.00 \text{m}^2$

清单工程量计算见下表：

清单工程量计算表

项目编码	项目名称	项目特征描述	计量单位	工程量
020302001001	天棚吊顶	U型轻钢顶棚龙骨(不上人型)	m²	18.00

(2)定额工程量：

$3.6 \times 5 = 18.00 \text{m}^2$ (套用消耗量定额 3-021)

【例3-4】 某办公室顶棚吊顶如图3-4所示：已知顶棚采用不上人装配式V形轻钢龙骨石骨板，面层规格为 $600\text{mm} \times 600\text{mm}$，计算顶棚吊顶工程量。

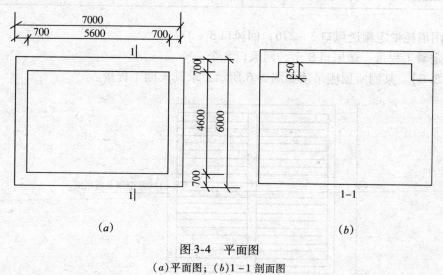

图 3-4 平面图
(a)平面图；(b)1-1剖面图

【解】 根据定额有关说明，龙骨与面层应分别列项

(1)定额工程量：

1)轻钢龙骨顶棚工程量 $F = 6 \times 7 = 42.00 \text{m}^2$

2)石膏板面层工程量:

$F = 7 \times 6 + 0.25 \times (4.6 + 5.6) \times 2 = 47.10 \text{m}^2$(套用消耗量定额 3-025)

(2)清单工程量:

清单工程量同上。

清单工程量计算见下表:

清单工程量计算表

项目编码	项目名称	项目特征描述	计量单位	工程量
020302001001	天棚吊顶	不上人装配式V型轻钢龙骨石骨板,面层规格为600mm×600mm	m²	42.00

【例3-5】 图3-5为安装风口的示意图,设计要求做铝合金送风口和回风口各8个,试计算工程量。

【解】 (1)清单工程量:送风口8个,回风口8个

清单工程量计算见下表:

图3-5 安装风口示意图

清单工程量计算表

项目编码	项目名称	项目特征描述	计量单位	工程量
020303002001	送风口	铝合金送风口	个	8
020303002002	回风口	铝合金回风口	个	8

(套用消耗量定额送风口3-276,回风口3-277)

(2)定额工程量:送风口8个,回风口8个

【例3-6】 某厕所顶棚吊顶如图3-6所示,求其天棚工程量。

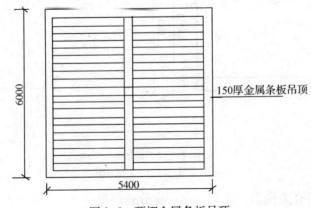

图3-6 顶棚金属条板吊顶

【解】 (1)清单工程量:

工程量 $= (5.4 + 0.24 \times 2) \times (6 - 0.24 \times 2) = 27.16 \text{m}^2$

清单工程量计算见下表:

清单工程量计算表

项目编码	项目名称	项目特征描述	计量单位	工程量
020302001001	天棚吊顶	厕所天棚吊顶	m²	27.16

(2)定额工程量:

$F = (5.4 - 0.24 \times 2) \times (6.0 - 0.24 \times 2) = 27.16 \text{m}^2$

(套用消耗量定额 3-138)

【例3-7】 某房顶采用铝合金龙骨铝板网吸音吊顶,如图3-7所示,求其工程量。

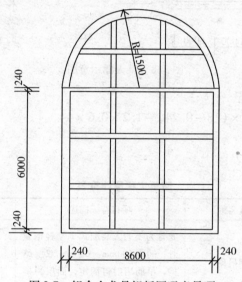

图3-7 铝合金龙骨铝板网吸音吊顶

【解】 (1)清单工程量:

$$\text{工程量} = (8.6 + 0.24 \times 2) \times (0.24 \times 2) + \pi \times 1.5^2 \times \frac{1}{2}$$

$$= 58.84 + 3.53$$

$$= 62.37 \text{m}^2$$

清单工程量计算见下表:

清单工程量计算表

项目编码	项目名称	项目特征描述	计量单位	工程量
020302001001	天棚吊顶	房顶采用铝合金龙骨铝板网吸音吊顶	m²	62.37

(2)定额工程量:

工程量 $= (8.6 + 0.24 \times 2) \times (6.0 + 0.24 \times 2) + \pi \times \dfrac{1}{2} \times 1.5^2 = 62.37 \text{m}^2$

(套用消耗量定额 3-112)

【例 3-8】 某二级天棚尺寸如图 3-8 所示,龙骨为不上人装配式 T 型轻钢龙骨,间距 600mm×600mm 双层结构,吊筋用射钉固定,面层为矿棉板搁在龙骨上,天棚跌落部分为 1150mm×5500mm,天棚上开 $\phi10$ 筒灯孔 10 个,1200mm×600mm 格栅灯孔四个,试计算矿棉板工程量。(墙厚均为 240mm,柱子断面尺寸为 500mm×500mm)。

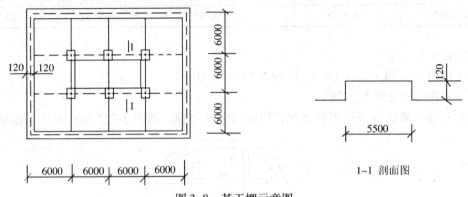

图 3-8 某天棚示意图

【解】 (1)清单工程量:

工程量 $= (24 - 0.24) \times (18 - 0.24) - 1.2 \times 0.6 \times 4$

$= 419.10 \text{m}^2$

清单工程量计算见下表:

清单工程量计算表

项目编码	项目名称	项目特征描述	计量单位	工程量
020302001001	顶棚吊顶	龙骨为不上人装配式 T 型轻钢龙骨,间距 600mm×600mm 双层结构,吊筋用射钉固定,面层为矿棉板搁在龙骨上	m²	419.10

(2)定额工程量:

工程量 $= [(24 - 0.24) \times (18 - 0.24) + (1.15 + 5.5) \times 2 \times 0.12 - 1.2 \times 0.6 \times 4] \text{m}^2$

$= (421.98 + 1.596 - 2.88)$

$= 420.70 \text{m}^2$(套用消耗量定额 3-052)

【例 3-9】 某天棚吊顶尺寸如图 3-9 所示,龙骨为装配式 V 型轻钢龙骨(不上人型),龙骨的间距为 600mm×600mm,龙骨吊筋固定见图示,面层为柚木夹板,粘贴在三合板基面上,表面刷酚醛清漆四遍,磨退出色(油色),椭圆槽的阴阳角处用 25×25mm²,不锈钢压角线钉固,面层开灯孔 8 个 $\phi15$,试计算面层工程量。

【解】 (1)清单工程量:

工程量 $= (2.5 + 5.0 + 2.5) \times (1.5 + 3.0 + 1.5)$

$= 60 \text{m}^2$

清单工程量计算见下表:

第三章 天棚工程(B.3)

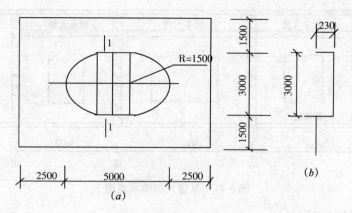

图 3-9 某天棚吊顶尺寸图
(a)平面图；(b)1—1 剖面图

清单工程量计算表

项目编码	项目名称	项目特征描述	计量单位	工程量
020302001001	顶棚吊顶	龙骨为装配式 V 型轻钢龙骨(不上人型)，龙骨间距为 600mm×600mm，面层为柚木夹板，粘贴在三合板基面上	m²	60

(2)定额工程量：同上。(套用消耗量定额 3-026)

项目编码：020301001 项目名称：天棚抹灰

【例 3-10】 如图 3-10、图 3-11 所示，该建筑物天棚采用 1:3 石灰砂浆，中级抹灰，试求该建筑物天棚抹灰工程量。

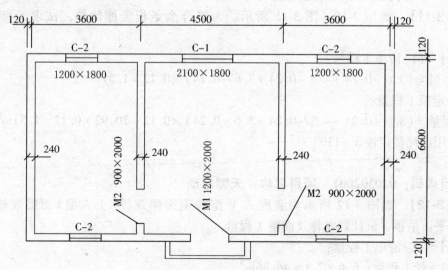

图 3-10 某建筑平面示意图

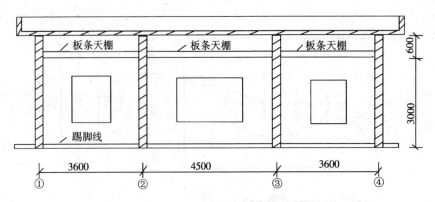

图 3-11 某建筑剖面示意图

【解】 (1)清单工程量：

工程量 = (3.6 - 0.24) × (6.6 - 0.24) + (4.5 - 0.24) × (6.6 - 0.24) + (3.6 - 0.24) × (6.6 - 0.24)

= 69.83m²

清单工程量计算见下表：

清单工程量计算表

项目编码	项目名称	项目特征描述	计量单位	工程量
020301001001	天棚抹灰	天棚采用1:3石灰砂浆，中级抹灰	m²	69.83

(2)定额工程量：

工程量 = (3.6 - 0.24) × (6.6 - 0.24) + (4.5 - 0.24) × (6.6 - 0.24) + (3.6 - 0.24) × (6.6 - 0.24)

= 69.83m²（套用基础定额 11 - 288）

【例 3-11】 如图 3-10、图 3-11 所示。为铝合金条板天棚闭缝，试求天棚闭缝工程量。

【解】 (1)清单工程量：

工程量 = (3.6 - 0.24 + 4.5 - 0.24 + 3.6 - 0.24) × 0.12 = 1.31m²

(2)定额工程量：

工程量 = (3.6 - 0.24 + 4.5 - 0.24 + 3.6 - 0.24) × 0.12 = 10.92 × 0.12 = 1.31m²

（套用消耗量定额 3 - 119）

项目编码：020302001　项目名称：天棚吊顶

【例 3-12】 如图 3-12 所示为装配式 V 型轻钢天棚龙骨（上人型）面层规格 300 × 300mm² 平面吊顶，试计算龙骨及面层工程量。

【解】 (1)清单工程量：

轻钢龙骨工程量：6.6 × 7.1 = 46.86m²

清单工程量计算见下表：

清单工程量计算表

项目编码	项目名称	项目特征描述	计量单位	工程量
020302001001	天棚吊顶	装配式V型轻钢天棚龙骨（上人型），面层规格300mm²×300mm² 平面吊顶	m²	46.86

面层工程量：同上。

（2）定额工程量：

轻钢龙骨工程量 = 6.6 × 7.1 = 46.86m²

面层工程量 = 6.6 × 7.1 = 46.86m²

（套用消耗量定额3-029）

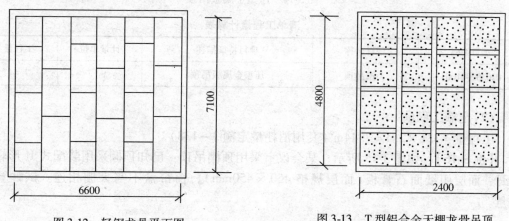

图3-12 轻钢龙骨平面图　　　　图3-13 T型铝合金天棚龙骨吊顶

【例3-13】 如图3-13所示为某办公室的顶棚平面图，采用装配式T型铝合金天棚龙骨（不上人型）石膏板面层规格600×600mm²，试求顶棚吊顶工程量。

【解】 （1）清单工程量：

工程量 = 4.8 × 2.4 = 11.52m²

清单工程量计算见下表：

清单工程量计算表

项目编码	项目名称	项目特征描述	计量单位	工程量
020302001001	顶棚吊顶	装配式T型铝合金顶棚龙骨（不上人型），石膏板面层规格600×600mm²	m²	11.52

（2）定额工程量：

工程量 = 4.8 × 2.4 = 11.52m²（套用消耗量定额3-043）

【例3-14】 某办公室天棚为压型金属板吊顶，如图3-14所示，求其天棚工程量。

【解】 （1）清单工程量：

工程量 = 3.1 × 2.4 = 7.44m²

清单工程量计算见下表：

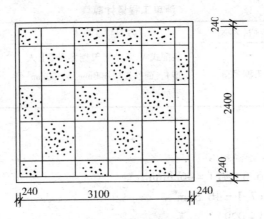

图 3-14 压型金属板吊顶

清单工程量计算表

项目编码	项目名称	项目特征描述	计量单位	工程量
020302001001	天棚吊顶	压型金属板吊顶	m²	7.44

(2) 定额工程量：

工程量 $= 3.1 \times 2.4 = 7.44 \mathrm{m}^2$（套用消耗量定额 3-138）

【例 3-15】 如图 3-15 所示，某会议室采用顶棚吊顶：已知顶棚采用装配式 U 形轻钢龙骨，面层用纸面石膏板（面层规格 450×450mm），窗帘盒不与天棚相连。试计算工程量。

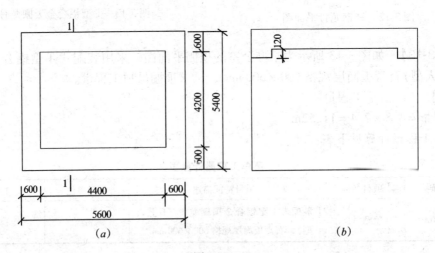

图 3-15

(a) 平面图；(b) 1—1 剖面图

【解】 (1) 清单工程量：

1) 轻钢龙骨顶棚工程量 $F = 5.6 \times 5.4 = 30.24 \mathrm{m}^2$

2) 石膏板面层工程量 $F = 5.6 \times 5.4 = 30.24 \mathrm{m}^2$

清单工程量计算见下表：

清单工程量计算表

项目编码	项目名称	项目特征描述	计量单位	工程量
020302001001	天棚吊顶	采用装配式U型轻钢龙骨,面层用纸面石膏板(面层规格450mm×450mm)	m²	30.24

(2)定额工程量

1)轻钢龙骨顶棚工程量:$5.6 \times 3.4 = 30.24 m^2$

2)石膏板面层工程量:$5.6 \times 5.4 + 0.12 \times (4.2 + 4.4) \times 2 = 32.30 m^2$

【例3-16】 如图3-16所示,某办公室采用U型铝合金条板吊顶,矿棉板天棚面层贴在混凝土板下,试求其工程量。

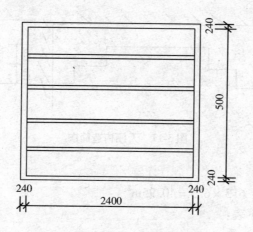

图3-16 U型铝合金板条板吊顶

【解】 (1)清单工程量:

工程量 $= 2.4 \times 0.5 = 1.20 m^2$

清单工程量计算见下表:

清单工程量计算表

项目编码	项目名称	项目特征描述	计量单位	工程量
020302001001	天棚吊顶	U型铝合金条板吊顶,矿棉板天棚面层	m²	1.20

(2)定额工程量:

工程量 $= 2.4 \times 0.5 m^2 = 1.20 m^2$(套用消耗量定额3-093、3-119)

【例3-17】 如图3-17所示,某客厅不上人型轻钢龙骨石膏板天棚吊顶,龙骨间距300mm×300mm,计算工程量。

【解】 (1)清单工程量:

1)天棚龙骨工程量:$6.3 \times 6.5 = 40.95 m^2$

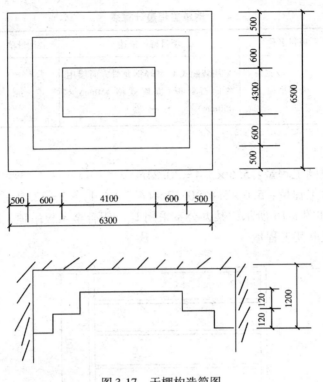

图 3-17 天棚构造简图

2) 天棚面层工程量：$6.3 \times 6.5 = 40.95 \text{m}^2$

清单工程量计算见下表：

清单工程量计算表

项目编码	项目名称	项目特征描述	计量单位	工程量
020302001001	天棚吊顶	不上人型轻钢龙骨石膏板吊顶，龙骨间距 300mm×300mm	m²	40.95

（2）定额工程量

1) 天棚龙骨工程量：$6.3 \times 6.5 = 40.95 \text{m}^2$

2) 天棚面层工程量：$6.3 \times 6.5 + (5.3 + 5.5) \times 0.12 \times 2 + (4.1 + 4.3) \times 2 \times 0.12 = 40.95 \text{m}^2$ （套用消耗量定额 3 - 021、3 - 097）

项目编码：020302002　项目名称：格栅吊顶

【例 3-18】 某办公室采用木格栅吊顶，规格为 150×150×80，如图 3-18 所示，试求其工程量。

【解】 （1）清单工程量：

工程量 $= 5.6 \times 4.8 = 26.88 \text{m}^2$

清单工程量计算见下表：

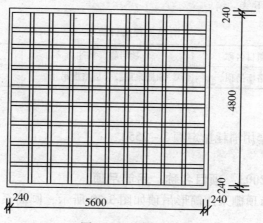

图 3-18 格栅吊顶

清单工程量计算表

项目编码	项目名称	项目特征描述	计量单位	工程量
020302002001	格栅吊顶	办公室采用木格栅吊顶，规格为 150mm×150mm×80mm	m²	26.88

(2)定额工程量：

工程量 = $5.6 \times 4.8 = 26.88 m^2$（套用消耗量定额 3-250）

【例 3-19】 某房间有两部分组成，半圆和方形，顶棚采用胶合板格栅吊顶如图 3-19 所示，试求其工程量。

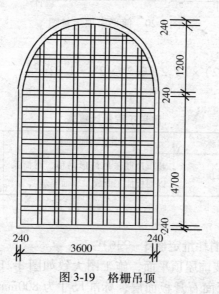

图 3-19 格栅吊顶

【解】 (1)清单工程量：

工程量 = $(3.6 + 0.24 \times 2) \times (4.7 + 0.24 \times 2) + \frac{\pi}{2} \times (1.2 + 0.24)^2$

= $21.13 + 3.256 = 24.39 m^2$

清单工程量计算见下表:

清单工程量计算表

项目编码	项目名称	项目特征描述	计量单位	工程量
020302002001	格栅吊顶	顶棚采用胶合板格栅吊顶	m^2	24.39

(2)定额工程量:
同清单工程量 (套用消耗量定额3-255)

项目编码:020302003　项目名称:吊筒吊顶

【例3-20】 某超市顶棚采用筒形吊顶如图3-20所示,圆筒系以钢板加工而成,表面喷塑,试求其工程量。

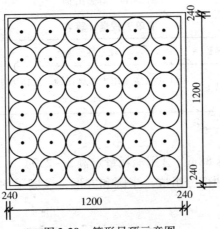

图3-20 筒形吊顶示意图

【解】 (1)清单工程量:
工程量 = $(1.2 + 0.24 \times 2) \times (1.2 + 0.24 \times 2) = 2.82 m^2$
清单工程量计算见下表:

清单工程量计算表

项目编码	项目名称	项目特征描述	计量单位	工程量
020302003001	吊筒吊顶	超市顶棚采用筒形吊顶,圆筒系以钢板加工而成,表面喷塑	m^2	2.82

(2)定额工程量:
同清单工程量 (套用消耗量定额3-236)

【例3-21】 某办公室装饰屋顶平面,施工图大致如图3-21所示,中间为不上人型T型铝合金龙骨,外面裱糊纸面石膏板面层,标准尺寸为800mm×800mm,而边上为不上人型轻钢龙骨吊顶,外面同样裱糊石膏面层,而其下的方柱断面尺寸为1000mm×1000mm。求其总工程的龙骨及面层工程量。

【解】 (1)清单工程量:

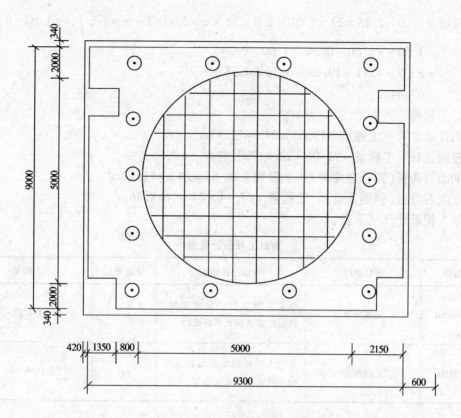

图 3-21 某办公室屋顶平面图

1）龙骨计算：根据清单规范计算规则，吊顶顶棚按水平投影面积计算。天棚面中的灯槽及跌级、锯齿形、吊挂式、藻井式天棚面积不展开计算。不扣除间壁墙、检查口、附墙烟囱、柱垛和管道所占面积，扣除单个 $0.3m^2$ 以外的孔洞、独立柱及与天棚相连的窗帘盒所占的面积。

① 铝合金龙骨：

工程量 $= \pi \cdot \left(\dfrac{5}{2}\right)^2 = 19.63 m^2$

② 轻钢龙骨：

工程量 $= (9.3 + 0.42 \times 2) \times (9.0 + 0.34 \times 2) - \pi \cdot \left(\dfrac{5}{2}\right)^2$

$= 10.14 \times 9.68 - 3.14 \times 2.5^2$

$= 98.155 - 19.63$

$= 78.53 m^2$

2）面层计算：

① 纸面石膏板（铝合金龙骨）：

工程量 $= \pi \cdot \left(\dfrac{5}{2}\right)^2 = 19.63 m^2$

② 纸面石膏板（轻钢龙骨）：

工程量 = $(5.0+2.15\times2)\times(5.0+2.0\times2)+\pi\times5\times0.3-\pi\times\left(\dfrac{5}{2}\right)^2-(1.00-0.24)\times$

$1.00-(1.00-0.24)(1.00-0.24)$

$=83.7+4.71-19.63-0.76-0.58$

$=67.44\text{m}^2$

3) 总工程量:

①铝合金龙骨 工程量 $=19.63\times24=471.12\text{m}^2$

②轻钢龙骨 工程量 $=72.06\times24=1729.44\text{m}^2$

③纸面石膏板(铝合金龙骨) 工程量 $=19.63\times24=471.12\text{m}^2$

④纸面石膏板(轻钢龙骨) 工程量 $=67.44\times24=1618.56\text{m}^2$

清单工程量计算见下表:

清单工程量计算表

项目编码	项目名称	项目特征描述	计量单位	工程量
020302001001	天棚吊顶	不上人型T型铝合金龙骨,外面裱糊纸面石膏板面层	m²	471.12
020302001002	天棚吊顶	不上人型轻钢龙骨吊顶,外面同样裱糊石膏板面层	m²	1618.56

(2)定额工程量:

定额工程量同清单工程量。(套用消耗量定额 3-043、3-021、3-098、3-097)

项目编码:020303001 项目名称:灯带

【例3-22】某酒店为庆祝一宴会,安装铝合金灯带,如图3-22所示,求其工程量。

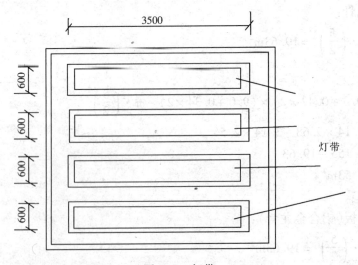

图3-22 灯带

【解】 (1)清单工程量:

工程量 $= 0.6 \times 3.5 = 2.10 \text{m}^2$

则总的清单工程量:$2.1 \times 4 = 8.40 \text{m}^2$

清单工程量计算见下表:

清单工程量计算表

项目编码	项目名称	项目特征描述	计量单位	工程量
020303001001	灯带	酒店安装铝合金灯带	m²	8.40

注:按设计图示尺寸以框外围面积计算。

(2)定额工程量:

定额工程量同清单工程量。(套用消耗量定额送风口 3-276,回风口 3-277)

项目编码:020303002　项目名称:送风口、回风口

【例 3-23】 某天棚为上部均匀送风,下部均匀回风,如图 3-23 所示,设计要求做铝合金送风口和回风口各 10 个,试计算工程量。

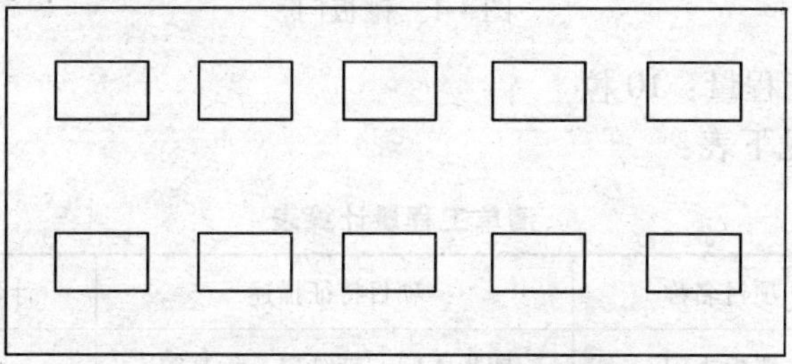

图 3-23　送、回风口平面示意图
(顶部为上部送风、下部回风)

【解】 (1)清单工程量:

送风口 10 个、回风口 10 个

清单工程量计算见下表:

清单工程量计算表

项目编码	项目名称	项目特征描述	计量单位	工程量
020303002001	送风口、回风口	铝合金送风口、回风口	个	各 10

(2)定额工程量:

送风口 10 个、回风口 10 个(套用消耗量定额 3-276、3-277)

注:按设计图示数量计算。

第四章 门窗工程(B.4)

【例4-1】 镶板门如图4-1所示，带纱扇，无亮窗，10樘，计算其工程量。

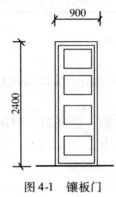

图4-1 镶板门

【解】 （1）清单工程量：10樘
清单工程量计算见下表：

清单工程量计算表

项目编码	项目名称	项目特征描述	计量单位	工程量
020401001001	镶板木门	镶板木门，带纱扇，无亮窗	樘	10

(2)定额工程量：$0.9 \times 2.4 \times 10 \text{m}^2$
$= 21.60 \text{m}^2$

注：门框制作套用基础定额7-9，安装套用基础定额7-10；
门扇制作套用基础定额7-11，安装套用基础定额7-12。

【例4-2】 如图4-2所示，半圆形窗共有15樘，计算其工程量。

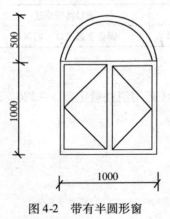

图4-2 带有半圆形窗

【解】 (1)清单工程量:
工程量=15樘
清单工程量计算见下表:

清单工程量计算表

项目编码	项目名称	项目特征描述	计量单位	工程量
020405001001	木质平开窗	半圆形木质平开窗	樘	15

(2)定额工程量:
分两部分计算:
1)矩形窗部分:
工程量$=1.0\times1.0m^2=1.00m^2$
注:窗框制作套用基础定额7-170;窗框安装套用基础定额7-171;
窗扇制作套用基础定额7-172;窗扇制作套用基础定额7-173。
2)半圆窗部分:
工程量$=3.14\times0.5^2\times\dfrac{1}{2}m^2=0.39m^2$
注:窗框制作套用基础定额7-250;窗框安装套用基础定额7-251;
窗扇制作套用基础定额7-252;窗扇安装套用基础定额7-253。
3)15樘总工程量$=(1+0.39)\times15m^2$
$=20.85m^2$

【例4-3】 某住宅楼共有32户,每户阳台安有门连窗,如图4-3所示,试计算其工程量。

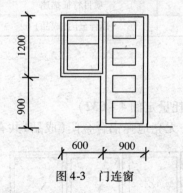

图4-3 门连窗

【解】 (1)清单工程量:32樘
清单工程量计算见下表:

清单工程量计算表

项目编码	项目名称	项目特征描述	计量单位	工程量
020401008001	连窗门	阳台安有门连窗	樘	32

(2)定额工程量:
门连窗工程量应将门窗工程量合并计算

工程量 = [(1.2×0.6) + (0.9×2.1)] ×32m²
      = 83.52m²

注：门窗框制作套用基础定额7-121，门窗框安装套用基础定额7-122；

门窗扇制作套用基础定额7-123，门窗扇安装套用基础下额7-124。

项目编码：020402002   项目名称：金属推拉门

【例4-4】 有10樘70系列推拉铝合金门（成品），如图4-4所示，计算其工程量。

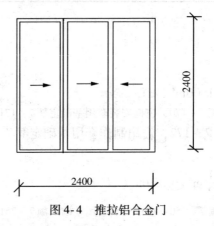

图4-4 推拉铝合金门

【解】 (1)清单工程量：10樘

清单工程量计算见下表：

清单工程量计算表

项目编码	项目名称	项目特征描述	计量单位	工程量
020402002001	金属推拉门	铝合金门（成品）	樘	10

(2)定额工程量：

工程量 = 2.4×2.4×10m²

      = 57.60m²（套用消耗量定额4-032）

【例4-5】 如图4-5所示，无亮地弹铝合金门（成品）共有8樘，求其工程量。

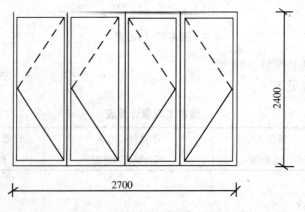

图4-5 无亮地弹铝合金门

【解】 (1)清单工程量:8 樘
清单工程量计算见下表:

清单工程量计算表

项目编码	项目名称	项目特征描述	计量单位	工程量
020402003001	金属地弹门	无亮地铝合金门(成品)	樘	8

(2)定额工程量:

工程量 $= 2.4 \times 2.7 \times 8 m^2 = 51.84 m^2$

注:(1)地弹门(成品)套定额 4-030;
　　(2)无上亮四扇地弹门(现场制作安装)套用消耗量定额 4-007;
　　(3)带上亮四扇地弹门(现场制作安装)套用消耗量定额 4-008。

【例4-6】 如图4-6所示,帘板卷帘门共6樘,计算其工程量。

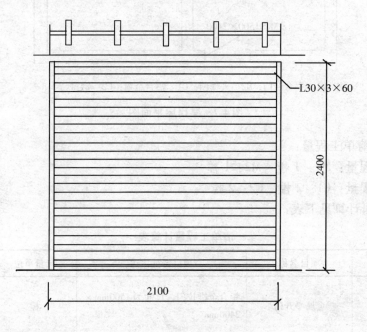

图4-6 帘板卷帘门示意图

【解】 (1)清单工程量:6 樘
清单工程量计算见下表:

清单工程量计算表

项目编码	项目名称	项目特征描述	计量单位	工程量
020403003001	防火卷帘门	帘板卷帘门	樘	6

(2)定额工程量:

工程量 $= 2.1 \times 2.4 \times 6 m^2 = 30.24 m^2$

1) 防火卷帘门 工程量 = 2.1 × 2.4 × 6m² = 30.24m²
2) 防火卷帘门手动装置工程量：1套
（套用消耗量定额4-052、4-053）

【例4-7】 如图4-7所示，计算其门窗工程量。

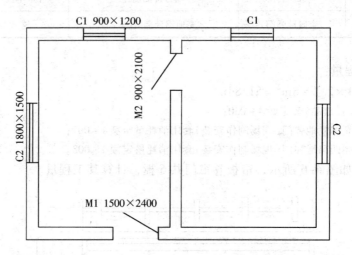

图4-7 某房屋平面图

【解】 （1）清单工程量：
1) 门的工程量：M1：1樘 M2：1樘
2) 窗的工程量：C1：2樘 C2：2樘
清单工程量计算见下表：

清单工程量计算表

项目编码	项目名称	项目特征描述	计量单位	工程量
020402001001	金属平开门	铝合金推拉门，尺寸为1500mm×2400mm	樘	1
020401005001	夹板装饰门	夹板门，尺寸为900mm×2100mm	樘	1
020406002001	金属平开窗	铝合金窗，900mm×1200mm	樘	2
020406002002	金属平开窗	钢窗，1800mm×1500mm	樘	2

（2）定额工程量：
1) 门的工程量：M1 铝合金门：1.5 × 2.4m² = 3.60m²
　　　　　　　　M2 夹板门：0.9 × 2.1m² = 1.89m²
2) 窗的工程量：C1 铝合金窗：0.9 × 1.2 × 2m² = 2.16m²
　　C2 钢窗：1.8 × 1.5 × 2m² = 5.40m²

(套用消耗量定额4-009、4-013)

【例4-8】 全玻自由门如图4-8所示,有4樘,计算其工程量。

【解】 (1)清单工程量:4樘

清单工程量计算见下表:

清单工程量计算表

项目编码	项目名称	项目特征描述	计量单位	工程量
020404006001	全玻自由门	全玻自由门	樘	4

(2)定额工程量:

工程量 $= 1.0 \times 2.1 \times 4 m^2$

$\qquad = 8.40 m^2$

注:门框制作套用基础定额7-117;

门框安装套用基础定额7-118;

门扇制作套用基础定额7-119;

门扇安装套用基础定额7-120。

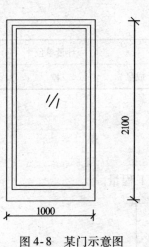

图4-8 某门示意图

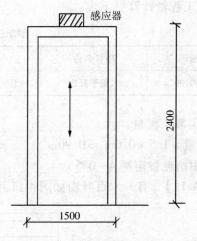

图4-9 玻璃电子门示意图

【例4-9】 某单位仓库采用玻璃电子感应门,如图4-9所示,共有5个仓库,计算其工程量。

【解】 (1)清单工程量:5樘

清单工程量计算见下表:

清单工程量计算表

项目编码	项目名称	项目特征描述	计量单位	工程量
020404001001	电子感应门	玻璃电子感应门,尺寸为1500mm×2400mm	樘	5

(2)定额工程量:5 樘

电磁感应装置工程量:5 套

(电子感应自动门套用消耗量定额 4 – 065、4 – 066)

【例 4-10】 某无亮单层木质平开窗(成品)如图 4-10 所示,求其工程量。

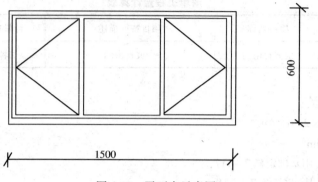

图 4-10 平开窗示意图

【解】 (1)清单工程量:1 樘

清单工程量计算见下表:

清单工程量计算表

项目编码	项目名称	项目特征描述	计量单位	工程量
020405001001	木质平开窗	无亮单层木质平开窗(成品)	樘	1

(2)定额工程量:

工程量 $= 1.5 \times 0.6 \mathrm{m}^2 = 0.90 \mathrm{m}^2$

(套用消耗量定额 4 – 035)

【例 4-11】 有一木百叶窗如图 4-11 所示,计算其工程量。

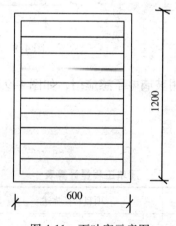

图 4-11 百叶窗示意图

【解】 (1)清单工程量:1 樘

清单工程量计算见下表:

清单工程量计算表

项目编码	项目名称	项目特征描述	计量单位	工程量
020405003001	矩形木百叶窗	矩形木百叶窗，尺寸为600mm×1200mm	樘	1

(2)定额工程量：

工程量 $= 0.6 \times 1.2 m^2 = 0.72 m^2$

(窗制作套用基础定额7-230，窗安装套用基础定额7-231)

【例4-12】 有一木质两扇左右推拉窗(成品)，上固定下开启，如图4-12所示，求其工程量。

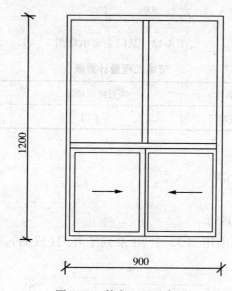

图4-12 某窗立面示意图

【解】 (1)清单工程量：1樘

清单工程量计算见下表：

清单工程量计算表

项目编码	项目名称	项目特征描述	计量单位	工程量
020405002001	木质推拉窗	木质两扇左右推拉窗	樘	1

(2)定额工程量：

工程量 $= 0.9 \times 1.2 m^2$

$= 1.08 m^2$

(套用消耗量定额4-033)

【例4-13】 某栋楼有10个门均采用实木门，如图4-13所示，求其工程量。

【解】 (1)清单工程量：10樘

清单工程量计算见下表：

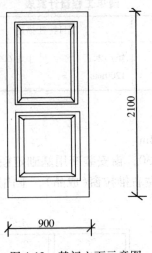

图 4-13 某门立面示意图

清单工程量计算表

项目编码	项目名称	项目特征描述	计量单位	工程量
020401003001	实木装饰门	实木门	樘	10

(2)定额工程量:

工程量 $= 0.9 \times 2.1 \times 10 \mathrm{m}^2$

$\quad\quad\quad = 18.90 \mathrm{m}^2$

(套用消耗量定额 4-055)

【例 4-14】 某项工程中用到 32 个 70 系列平开门(成品),如图 4-14 所示,求其工程量。

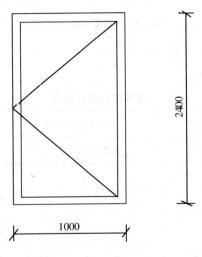

图 4-14 某门立面示意图

【解】 (1)清单工程量:32 樘

清单工程量计算见下表:

清单工程量计算表

项目编码	项目名称	项目特征描述	计量单位	工程量
020402001001	金属平开门	32个70系列平开门(成品)	樘	32

(2)定额工程量:

工程量 $= 1.0 \times 2.4 \times 32 m^2 = 76.80 m^2$

(套用消耗量定额4-031)

【例4-15】 某工程采用铁栅门共有18个门,如图4-15所示,求其工程量。

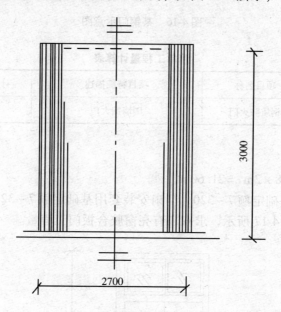

图4-15 某铁栅门立面示意图

【解】 (1)清单工程量:18樘

清单工程量计算见下表:

清单工程量计算表

项目编码	项目名称	项目特征描述	计量单位	工程量
020403002001	金属格栅门	铁栅门共有18个门	樘	18

(2)定额工程量:

工程量 $= 2.7 \times 3.0 \times 18 m^2$
$\quad\quad\quad = 145.80 m^2$

(套用消耗量定额4-049)

【例4-16】 某工厂前后门采用如图4-16所示围墙钢大门,求其工程量。

【解】 (1)清单工程量:2樘

清单工程量计算见下表:

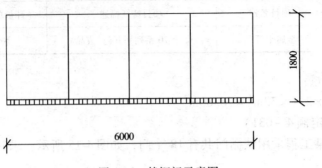

图 4-16 某钢门示意图

清单工程量计算表

项目编码	项目名称	项目特征描述	计量单位	工程量
020402007001	钢质防火门	围墙钢大门	樘	2

（2）定额工程量：

工程量 $=6.0\times1.8\times2\mathrm{m}^2=21.60\mathrm{m}^2$

（门扇制作套用基础定额 7-320，门扇安装套用基础定额 7-321）

【例 4-17】 如图 4-17 所示，求双扇有亮窗胶合板门工程量。

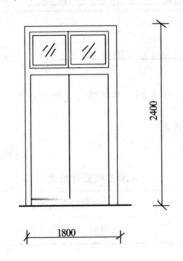

图 4-17 某门立面示意图

【解】 （1）清单工程量：1 樘

清单工程量计算见下表：

清单工程量计算表

项目编码	项目名称	项目特征描述	计量单位	工程量
020401004001	胶合板门	双扇有亮窗胶合板门	樘	1

(2)定额工程量:

工程量 = $1.8 \times 2.4 \text{m}^2 = 4.32 \text{m}^2$

(门框制作套用基础定额7-61,门框安装套用基础定额7-62)

【例4-18】 如图4-18所示,求双扇有亮窗带玻璃夹板门工程量。

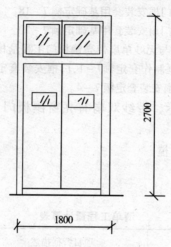

图4-18 某门立面示意图

【解】 (1)清单工程量:1樘

清单工程量计算见下表:

清单工程量计算表

项目编码	项目名称	项目特征描述	计量单位	工程量
020401005001	夹板装饰门	双扇有亮窗带玻璃夹板门	樘	1

(2)定额工程量:

工程量 = $1.8 \times 2.7 \text{m}^2 = 4.86 \text{m}^2$

注:门框制作套用基础定额7-21;

门框安装套用基础定额7-22;

门扇制作套用基础定7-23;

门扇安装套用基础定额7-24。

项目编码:020401001 项目名称:镶板木门

【例4-19】 如图4-19所示,无纱扇,单扇有亮窗镶板门,求其工程量。

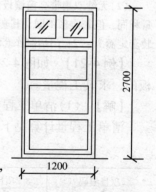

图4-19 某门立面示意图

【解】 (1)清单工程量:1樘

清单工程量计算见下表:

清单工程量计算表

项目编码	项目名称	项目特征描述	计量单位	工程量
020401001001	镶板木门	无纱扇,单扇有亮窗镶板门	樘	1

(2)定额工程量:

工程量 $= 1.2 \times 2.7 \text{m}^2 = 3.24 \text{m}^2$

注:(1)无纱单扇有亮子镶板门套定额:

门框制作套用基础定额7-17,门框安装套用基础定额7-18;

门扇制作套用基础定额7-19,门扇安装套用基础定额7-20。

(2)带纱单扇带亮镶板门工程量与无纱单扇带亮镶板门工程量相同,但套定额不同,其套定额:门框制作套定额7-1,门框安装套定额7-2;门扇制作套定额7-3,门扇安装套定额7-4。

【例4-20】 如图4-20所示,带纱双扇有亮窗镶板门,求其工程量。

【解】 (1)清单工程量:1樘

清单工程量计算见下表:

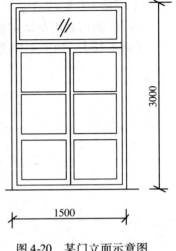

图4-20 某门立面示意图

清单工程量计算表

项目编码	项目名称	项目特征描述	计量单位	工程量
020401001001	镶板木门	带纱双扇有亮窗镶板门	樘	1

(2)定额工程量:

工程量 $= 1.5 \times 3 \text{m}^2 = 4.50 \text{m}^2$

注:(1)带纱双扇有亮窗镶板门套定额:门框制作套用基础定额7-5,门框安装套用基础定额7-6,门扇制作套用基础定额7-7,门扇安装套用基础定额7-8。

(2)无纱双扇带亮窗镶板门工程量与带纱双扇带亮窗镶板门工程量相同,但套定额不同,其套定额:门框制作套定额7-21,门框安装套定额7-22;门扇制作套定额7-23,门扇安装套定额7-24。

【例4-21】 如图4-21所示,带一块百叶单扇有亮窗镶板门,求其工程量。

【解】 (1)清单工程量:1樘

清单工程量计算见下表:

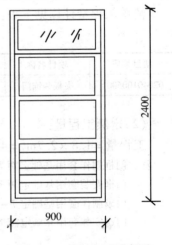

图4-21 某门立面示意图

清单工程量计算表

项目编码	项目名称	项目特征描述	计量单位	工程量
020401001001	镶板木门	百页单扇有亮窗镶板门	樘	1

(2)定额工程量:

工程量 $= 0.9 \times 2.4 \text{m}^2 = 2.16 \text{m}^2$

注:门框制作套用基础定额7-33,门框安装套用基础定额7-34;门扇制作套用基础定额7-35,门扇安装套用基础定额7-36。

项目编码：020401003　项目名称：实木装饰门

【例4-22】 如图4-22所示，求实木门框制作安装工程量。

【解】 (1)清单工程量：1樘

清单工程量计算见下表：

清单工程量计算表

项目编码	项目名称	项目特征描述	计量单位	工程量
020401003001	实木装饰门	实木门框制作安装	樘	1

(2)定额工程量：

工程量 = (0.8 + 2.1 + 2.1 + 0.8)m = 5.80m

(套用消耗量定额4 - 054)

【例4-23】 如图4-23所示，求实木全玻门工程量。

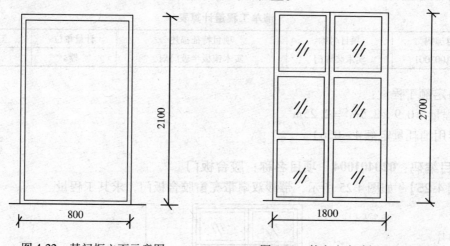

图4-22　某门框立面示意图　　图4-23　某实木全玻门立面示意图

【解】 (1)清单工程量：1樘

清单工程量计算见下表：

清单工程量计算表

项目编码	项目名称	项目特征描述	计量单位	工程量
020401003001	实木装饰门	实木全玻门	樘	1

(2)定额工程量：

工程量 = $1.8 \times 2.7 m^2 = 4.86 m^2$

(套用消耗量定额4 - 057)

【例4-24】 如图4-24所示，求实木镶板半玻门扇工程量。

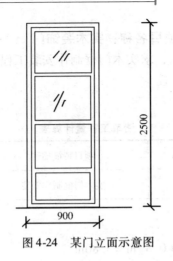

图 4-24 某门立面示意图

【解】 （1）清单工程量：1 樘

清单工程量计算见下表：

清单工程量计算表

项目编码	项目名称	项目特征描述	计量单位	工程量
020401003001	实木装饰门	实木镶板半玻门扇	樘	1

（2）定额工程量：

工程量 $= 0.9 \times 2.5 \mathrm{m}^2 = 2.25 \mathrm{m}^2$

（套用消耗量定额 4-056）

项目编码：020401004　项目名称：胶合板门

【例 4-25】 如图 4-25 所示，带纱双扇带亮窗胶合板门，求其工程量。

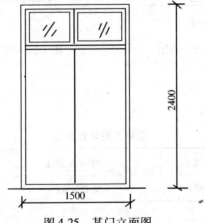

图 4-25 某门立面图

【解】 （1）清单工程量：1 樘

清单工程量计算见下表：

清单工程量计算表

项目编码	项目名称	项目特征描述	计量单位	工程量
020401004001	胶合板门	带纱双扇带亮窗胶合板门	樘	1

(2)定额工程量：

工程量 $= 1.5 \times 2.4 m^2 = 3.6 m^2$

注：(1)带纱双扇带亮窗胶合板门套定额：门框制作套用基础定额7-45，门框安装套用基础定额7-46；门扇制作套用基础定额7-47，门扇安装套用基础定额7-48。

(2)无纱双扇带亮窗胶合板门工程量与带纱双扇带亮窗胶合板门工程量相同，但套定额不同，其套定额：门框制作套定额7-61，门框安装套定额7-62；门扇制作套定额7-63，门扇安装套定额7-64。

【例4-26】 如图4-26所示，无纱单扇无亮窗胶合板门，求其工程量。

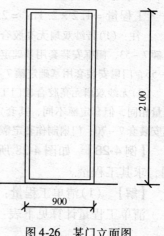

图4-26 某门立面图

【解】 (1)清单工程量：1樘

清单工程量计算见下表：

清单工程量计算表

项目编码	项目名称	项目特征描述	计量单位	工程量
020401004001	胶合板门	无纱单扇无亮窗胶合板门	樘	1

(2)定额工程量：

工程量 $= 0.9 \times 2.1 m^2 = 1.89 m^2$

注：(1)无纱单扇无亮窗胶合板门套定额：门框制作套用基础定额7-65，门框安装套用基础定额7-66；门扇制作套用基础定额7-67，门扇安装套用基础定额7-68。

(2)带纱单扇无亮窗胶合板门工程量与无纱单扇无亮窗胶合板门相同，但套定额不同，其套定额：门框制作套用基础定额7-49，门框安装套用基础定额7-50；门扇制作套用基础定额7-51，门扇安装套用基础定额7-52。

【例4-27】 如图4-27所示，带纱双扇无亮窗胶合板门，求其工程量。

【解】 (1)清单工程量：1樘

清单工程量计算见下表：

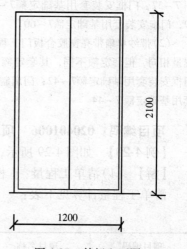

图4-27 某门立面图

清单工程量计算表

项目编码	项目名称	项目特征描述	计量单位	工程量
020401004001	胶合板门	带纱双扇无亮窗胶合板门	樘	1

(2)定额工程量:

工程量 $= 1.2 \times 2.1 \mathrm{m}^2 = 2.52 \mathrm{m}^2$

注:(1)带纱双扇无亮胶合板门套定额:门框制作套用基础定额7-53,门框安装套用基础定额7-54;门扇制作套用基础定额7-55,门扇安装套用基础定额7-56。

(2)无纱双扇无亮胶合板门工程量与带纱双扇无亮胶合板门工程量相同,但套定额不同,其套定额:门框制作套定额7-69,门框安装套7-70;门扇制作套定额7-71,门扇安装套7-72。

【例4-28】 如图4-28所示,无纱单扇带亮窗胶合板门,求其工程量。

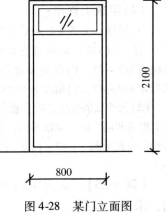

图4-28 某门立面图

【解】 (1)清单工程量:1樘

清单工程量计算见下表:

清单工程量计算表

项目编码	项目名称	项目特征描述	计量单位	工程量
020401004001	胶合板门	无纱单扇带亮窗胶合板门	樘	1

(2)定额工程量:

工程量 $= 0.8 \times 2.1 \mathrm{m}^2 = 1.68 \mathrm{m}^2$

注:(1)无纱单扇带亮窗胶合板门套定额:门框制作套用基础定额7-57,门框安装套用基础定额7-58;门扇制作套用基础定额7-59,门扇安装套用基础定额7-60。

(2)带纱单扇带亮窗胶合板门工程量与无纱单扇带亮窗胶合板门工程量相同,但套定额不同,其套定额:门框制作套用基础定额7-41,门框安装套用基础定额7-42;门扇制作套用基础定额7-43,门扇安装套用基础定额7-44。

项目编码:020401006 项目名称:木质防火门

【例4-29】 如图4-29所示,求木质防火门工程量。

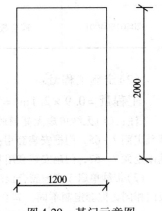

图4-29 某门示意图

【解】 (1)清单工程量:1樘

清单工程量计算见下表:

清单工程量计算表

项目编码	项目名称	项目特征描述	计量单位	工程量
020401006001	木质防火门	木质防火门	樘	1

(2)定额工程量:

工程量 $= 1.2 \times 2.0 \mathrm{m}^2 = 2.40 \mathrm{m}^2$

(套用消耗量定额4-051)

项目编码:020402007 项目名称:钢质防火门

【例4-30】 如图4-29所示,求钢质防火门工程量。
【解】 (1)清单工程量:1樘
清单工程量计算见下表:

清单工程量计算表

项目编码	项目名称	项目特征描述	计量单位	工程量
020402007001	钢质防火门	钢质防火门	樘	1

(2)定额工程量:
工程量 $= 1.2 \times 2.0 m^2 = 2.40 m^2$
(套用消耗量定额 4 - 050)

项目编码:020401007　项目名称:木纱门
【例4-31】 如图4-30所示,求木纱门工程量。

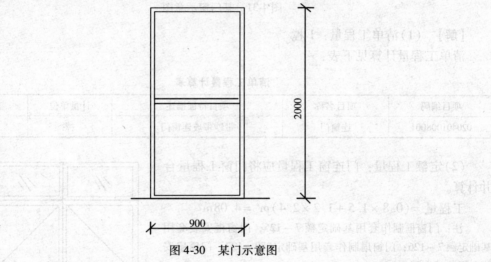

图4-30　某门示意图

【解】 (1)清单工程量:1樘
清单工程量计算见下表:

清单工程量计算表

项目编码	项目名称	项目特征描述	计量单位	工程量
020401007001	木纱门	木纱门	樘	1

(2)定额工程量:
工程量 $= 0.9 \times 2.0 m^2 = 1.80 m^2$

项目编码:020401008　项目名称:连窗门
【例4-32】 如图4-31所示,求带纱带玻连窗门工程量。

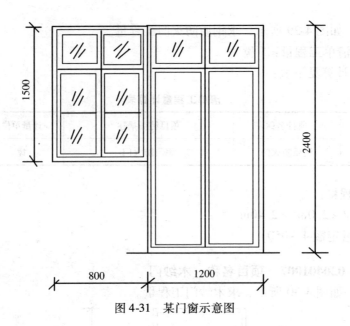

图 4-31 某门窗示意图

【解】 (1)清单工程量:1 樘
清单工程量计算见下表:

清单工程量计算表

项目编码	项目名称	项目特征描述	计量单位	工程量
020401008001	连窗门	带纱带玻连窗门	樘	1

(2)定额工程量:门连窗工程量应将门窗工程量合并计算。

工程量 $= (0.8 \times 1.5 + 1.2 \times 2.4)\mathrm{m}^2 = 4.08\mathrm{m}^2$

注:门窗框制作套用基础定额7-125,门窗框安装套用基础定额7-126;门窗扇制作套用基础定额7-127,门窗扇安装套用基础定额7-128。

项目编码:020402001　项目名称:金属平开门

【例 4-33】 如图 4-32 所示,带上亮双扇平开门(现场制作安装),求其工程量。

【解】 (1)清单工程量:1 樘
清单工程量计算见下表:

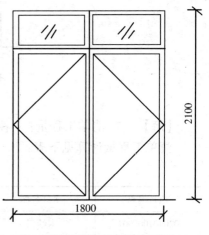

图 4-32 某门立面图

清单工程量计算表

项目编码	项目名称	项目特征描述	计量单位	工程量
020402001001	金属平开门	带上亮双扇平开门(现场制作安装)	樘	1

(2)定额工程量:

工程量 $= 1.8 \times 2.1 m^2 = 3.78 m^2$

注:(1)带上亮双扇平开门(现场制作安装)套用消耗量定额4-012;

(2)无上亮双扇平开门(现场制作安装)套用消耗量定额4-011。

【例4-34】 如图4-33所示,带上亮单扇平开门(现场制作安装),求其工程量。

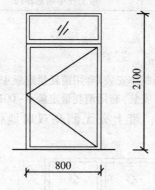

图4-33 某门立面示意图

【解】 (1)清单工程量:1樘

清单工程量计算见下表:

清单工程量计算表

项目编码	项目名称	项目特征描述	计量单位	工程量
020402001001	金属平开门	带上亮单扇平开门(现场制作安装)	樘	1

(2)定额工程量:

工程量 $= 0.8 \times 2.1 m^2 = 1.68 m^2$

注:(1)带上亮单扇平开门(现场制作安装)套用消耗量定额4-010;

(2)无上亮单扇平开门(现场制作安装)套用消耗量定额4-009。

项目编码:020402003 项目名称:金属地弹门

【例4-35】 如图4-34所示,带上亮单扇地弹门(现场制作安装),求其工程量。

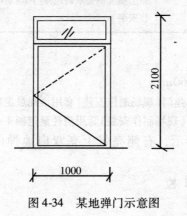

图4-34 某地弹门示意图

【解】（1）清单工程量：1 樘
清单工程量计算见下表：

清单工程量计算表

项目编码	项目名称	项目特征描述	计量单位	工程量
020402003001	金属地弹门	带上亮单扇地弹门	樘	1

（2）定额工程量：

工程量 $= 1.0 \times 2.1 \text{m}^2 = 2.10 \text{m}^2$

注：（1）带上亮单扇地弹门（现场制作安装）套用消耗量定额 4－002。

（2）无上亮单扇地弹门（现场制作安装）套用消耗量定额 4－001。

【例 4-36】 如图 4-35 所示，带上亮无侧亮双扇地弹门（现场制作安装），求其工程量。

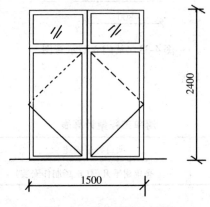

图 4-35 某地弹门立面图

【解】（1）清单工程量：1 樘
清单工程量计算见下表：

清单工程量计算表

项目编码	项目名称	项目特征描述	计量单位	工程量
020402003001	金属地弹门	带上亮无侧亮双扇地弹门（现场制作安装）	樘	1

（2）定额工程量：

工程量 $= 1.5 \times 2.4 \text{m}^2 = 3.60 \text{m}^2$

注：（1）带上亮无侧亮双扇地弹门（现场制作安装）套用消耗量定额 4－004。

（2）无上亮无侧亮双扇地弹门（现场制作安装）套用消耗量定额 4－003。

【例 4-37】 如图 4-36 所示，有侧亮带上亮双扇地弹门（现场制作安装），求其工程量。

【解】（1）清单工程量：1 樘
清单工程量计算见下表：

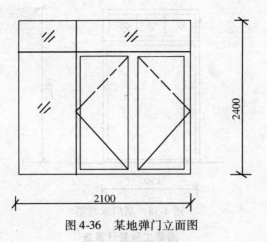

图 4-36 某地弹门立面图

清单工程量计算表

项目编码	项目名称	项目特征描述	计量单位	工程量
020402003001	金属地弹门	有侧亮带上亮双扇地弹门(现场制作安装)	樘	1

(2)定额工程量：

工程量 $= 2.1 \times 2.4 m^2 = 5.04 m^2$

注：(1)有侧亮带上亮双扇地弹门(现场制作安装)套用消耗量定额 4-006。

(2)有侧亮无上亮双扇地弹门(现场制作安装)套用消耗量定额 4-005。

项目编码：020402004　项目名称：彩板门

【例 4-38】 如图 4-37 所示，求彩板门工程量。

【解】 (1)清单工程量：1 樘

清单工程量计算见下表：

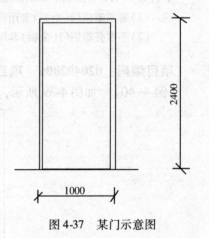

图 4-37 某门示意图

清单工程量计算表

项目编码	项目名称	项目特征描述	计量单位	工程量
020402004001	彩板门	彩板门	樘	1

(2)定额工程量：

工程量 $= 1.0 \times 2.4 m^2 = 2.40 m^2$

(彩板门套用消耗量定额 4-041)

项目编码：020402005　项目名称：塑钢门

【例 4-39】 如图 4-38 所示，带亮塑钢门(全板)，求其工程量。

【解】 (1)清单工程量：1 樘

清单工程量计算见下表：

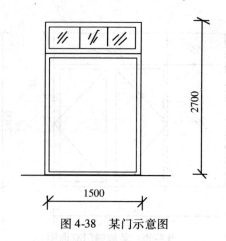

图 4-38 某门示意图

清单工程量计算表

项目编码	项目名称	项目特征描述	计量单位	工程量
020402005001	塑钢门	带亮塑钢门	樘	1

(2)定额工程量：

工程量 $= 1.5 \times 2.7 m^2 = 4.05 m^2$

注：(1)带亮塑钢门(全板)套用消耗量定额 4-043。

(2)不带亮塑钢门(全板)套用消耗量定额 4-044。

项目编码：020402006　项目名称：防盗门

【例 4-40】 如图 4-39 所示，求防盗门工程量。

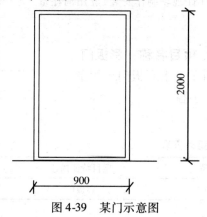

图 4-39 某门示意图

【解】 (1)清单工程量：1 樘

清单工程量计算见下表：

清单工程量计算表

项目编码	项目名称	项目特征描述	计量单位	工程量
020402006001	防盗门	防盗门	樘	1

(2)定额工程量：

工程量 $= 0.9 \times 2.0 m^2 = 1.80 m^2$

(防盗门套用消耗量定额4-047)

项目编码：020403001　项目名称：金属卷闸门

【例4-41】 如图4-40所示，洞口上口至滚筒顶点高0.2m，求带卷筒罩卷闸门工程量。

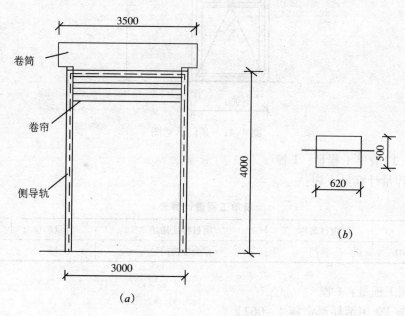

图4-40　某门示意图
(a)卷闸门立面图；(b)卷筒示意图

【解】 (1)清单工程量：1樘
清单工程量计算见下表：

清单工程量计算表

项目编码	项目名称	项目特征描述	计量单位	工程量
020403001001	金属卷闸门	洞口上口至滚筒顶点高0.2m，带卷筒罩卷闸门	樘	1

(2)定额工程量：
1)铝合金卷闸门安装工程量：工程量 = [3.0×4.0＋3.5×(0.62＋0.5×2)]m²
　　　　　　　　　　　　　　　　= 19.84m²

2)电动装置工程量：1套

注：(1)铝合金卷闸门套用消耗量定额4-038。
　　(2)卷闸门电动装置套用消耗量定额4-039。
　　(3)当有活动小门时，活动小门增加费套用消耗量定额4-040。

项目编码：020404002　项目名称：转门

【例4-42】 如图4-41所示，求全玻转门工程量。

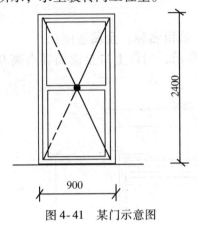

图4-41 某门示意图

【解】 (1)清单工程量：1樘
清单工程量计算见下表：

清单工程量计算表

项目编码	项目名称	项目特征描述	计量单位	工程量
020404002001	转门	全玻转门	樘	1

(2)定额工程量：1樘
(全玻转门套用消耗量定额4-067)

项目编码：020404004　项目名称：电动伸缩门

【例4-43】 如图4-42所示，求不锈钢电动伸缩门工程量。

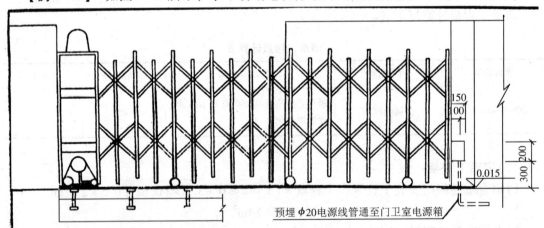

图4-42 某电动伸缩门示意图

【解】 (1)清单工程量：1樘
清单工程量计算见下表：
(2)定额工程量：1樘
(不锈钢电动伸缩门套用消耗量定额4-068)

清单工程量计算表

项目编码	项目名称	项目特征描述	计量单位	工程量
020404004001	电动伸缩门	不锈钢电动伸缩门	樘	1

项目编码：020404006   项目名称：全玻自由门(无扇框)

【例4-44】 如图4-43所示，无框全玻门，求其工程量。

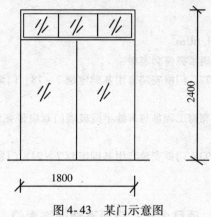

图4-43 某门示意图

【解】 (1)清单工程量：1樘
清单工程量计算见下表：

清单工程量计算表

项目编码	项目名称	项目特征描述	计量单位	工程量
020404006001	全玻自由门(无扇框)	无框全玻门	樘	1

(2)定额工程量：

工程量 $= 1.8 \times 2.4 m^2 = 4.32 m^2$

(无框全玻门套用基础定额4-071)

项目编码：020404007   项目名称：半玻门(带扇框)

【例4-45】 如图4-44所示，求带纱半截玻璃门双扇带亮窗工程量。

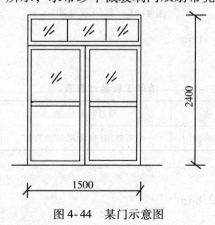

图4-44 某门示意图

【解】 (1)清单工程量:1樘

清单工程量计算见下表:

清单工程量计算表

项目编码	项目名称	项目特征描述	计量单位	工程量
020404007001	半玻门(带扇框)	带纱半截玻璃门双扇带亮窗	樘	1

(2)定额工程量:

工程量 $= 1.5 \times 2.4 m^2 = 3.60 m^2$

注:(1)带纱半截玻璃门双扇带亮窗套定额:

门框制作套用基础定额 7-77,门框安装套用基础定额 7-78;门扇制作套用基础定额 7-79,门扇安装套用基础定额 7-80。

(2)无纱半截玻璃门双扇带亮窗工程量与带纱半截玻璃门双扇带亮窗工程量相同,但套定额不同,其套定额:

门框制作套用基础定额 7-93,门框安装套用基础定额 7-94;门扇制作套用基础定额 7-95,门框安装套用基础定额 7-96。

项目编码:020404008 项目名称:镜面不锈钢饰面门

【例 4-46】 如图 4-45 所示,求不锈钢门(单层带纱)工程量。

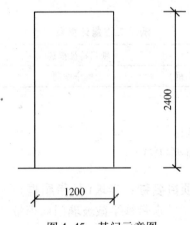

图 4-45 某门示意图

【解】 (1)清单工程量:1樘

清单工程量计算见下表:

清单工程量计算表

项目编码	项目名称	项目特征描述	计量单位	工程量
020404008001	镜面不锈钢饰面门	不锈钢门(单层带纱)	樘	1

(2)定额工程量:

工程量 $= 1.2 \times 2.4 m^2 = 2.88 m^2$

注：(1)单层带纱钢门套定额7－307。

(2)单层钢门工程量与单层带纱钢门工程量相同，但套定额不同，单层钢门套用基础定额7－306。

项目编码：020405001　项目名称：木质平开窗

【例4-47】 如图4-46所示，求单扇无亮玻璃窗工程量。

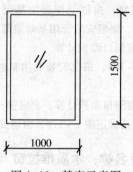

图4-46 某窗示意图

【解】 (1)清单工程量：1樘

清单工程量计算见下表：

清单工程量计算表

项目编码	项目名称	项目特征描述	计量单位	工程量
020405001001	木质平开窗	单扇无亮玻璃窗	樘	1

(2)定额工程量：

工程量 $= 1.0 \times 1.5 \mathrm{m}^2 = 1.50 \mathrm{m}^2$

注：窗框制作套用基础定额7－166，窗框安装套用基础定额7－167；窗扇制作套用基础定额7－168，窗扇安装套用基础定额7－169。

【例4-48】 如图4-47所示，求四扇带亮单层玻璃窗工程量。

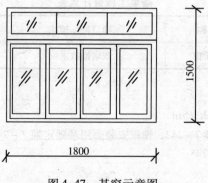

图4-47 某窗示意图

【解】 (1)清单工程量：1樘

清单工程量计算见下表：

(2)定额工程量：

清单工程量计算表

项目编码	项目名称	项目特征描述	计量单位	工程量
020405001001	木质平开窗	四扇带亮单层玻璃窗	樘	1

工程量 $= 1.8 \times 1.5 \mathrm{m}^2 = 2.70 \mathrm{m}^2$

注：(1) 四扇带亮单层玻璃窗套定额：窗框制作套用基础定额 7-178，窗框安装套用基础定额 7-179；窗扇制作套用基础定额 7-180，窗扇安装套用基础定额 7-181。

(2) 三扇带亮单层玻璃窗工程量按窗洞口面积计算。

套定额：窗框制作套用基础定额 7-174，窗框安装套用基础定额 7-175；窗扇制作套用基础定额 7-176，窗扇安装套用基础定额 7-177。

(3) 双扇带亮单层玻璃窗工程量按窗洞口面积计算，套定额：窗框制作套用基础定额 7-170，窗框安装套用基础定额 7-171；窗扇制作套用基础定额 7-172，窗扇安装套用基础定额 7-173。

项目编码：020405002　项目名称：木质推拉窗

【例 4-49】　如图 4-48 所示，求双扇推拉木窗工程量。

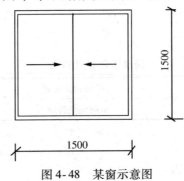

图 4-48　某窗示意图

【解】　(1) 清单工程量：1 樘

清单工程量计算见下表：

清单工程量计算表

项目编码	项目名称	项目特征描述	计量单位	工程量
020405002001	木质推拉窗	双扇推拉木窗	樘	1

(2) 定额工程量：

工程量 $= 1.5 \times 1.5 \mathrm{m}^2 = 2.25 \mathrm{m}^2$

注：窗框制作套用基础定额 7-242，窗框安装套用基础定额 7-243；窗扇制作套用基础定额 7-244，窗扇安装套用基础定额 7-245。

项目编码：020405003　项目名称：矩形木百叶窗

【例 4-50】　如图 4-49 所示，求木百叶窗（矩形带铁纱）工程量。

【解】　(1) 清单工程量：1 樘

清单工程量计算见下表：

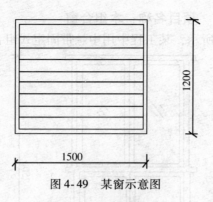

图4-49 某窗示意图

清单工程量计算表

项目编码	项目名称	项目特征描述	计量单位	工程量
020405003001	矩形木百叶窗	木百叶窗（矩形带铁纱）	樘	1

(2)定额工程量：

工程量 $= 1.5 \times 1.2 \mathrm{m}^2 = 1.80 \mathrm{m}^2$

(窗制作套用基础定额7-232，窗安装套用基础定额7-233)

项目编码：020405004 项目名称：异形木百叶窗

【例4-51】 如图4-50所示，正八边形木百叶窗，求其工程量。

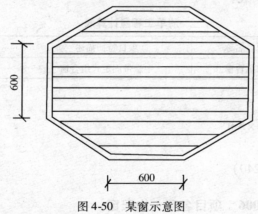

图4-50 某窗示意图

【解】 (1)清单工程量：1樘

清单工程量计算见下表：

清单工程量计算表

项目编码	项目名称	项目特征描述	计量单位	工程量
020405004001	异形木百叶窗	正八边形木百叶窗	樘	1

(2)定额工程量：

工程量 $= 6 \times \dfrac{1}{2} \times 0.6 \times 0.3\sqrt{3}$

$\qquad = 0.94 \mathrm{m}^2$

项目编码：020405005　项目名称：木组合窗

【例4-52】 如图4-51所示，某工程中用中悬带固定式组合窗5樘，求其工程量。

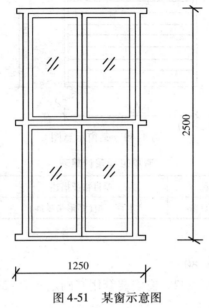

图4-51　某窗示意图

【解】 (1)清单工程量：5樘
清单工程量计算见下表：

清单工程量计算表

项目编码	项目名称	项目特征描述	计量单位	工程量
020405005001	木组合窗	中悬带固定式组合窗	樘	5

(2)定额工程量：

工程量 $= 1.25 \times 2.5 \times 5 m^2$
$= 15.63 m^2$

(套用基础定额7-240)

项目编码：020405006　项目名称：木天窗

【例4-53】 如图4-52所示，求木屋架气楼上中悬式天窗工程量。

【解】 (1)清单工程量：1樘
清单工程量计算见下表：

清单工程量计算表

项目编码	项目名称	项目特征描述	计量单位	工程量
020405006001	木天窗	木屋架气楼上中悬式天窗	樘	1

(2)定额工程量：

工程量 $= 2.55 \times 1.2 m^2 = 3.06 m^2$

(套用基础定额7-236)

项目编码：020405007　项目名称：矩形木固定窗

【例4-54】 如图4-53所示，某三孔固定窗共有6樘，计算其工程量。

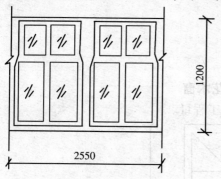

图4-52 某窗示意图

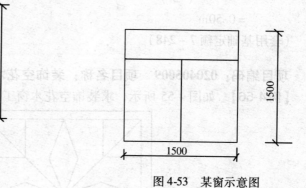

图4-53 某窗示意图

【解】（1）清单工程量：6樘

清单工程量计算见下表：

清单工程量计算表

项目编码	项目名称	项目特征描述	计量单位	工程量
020405007001	矩形木固定窗	三孔固定窗	樘	6

（2）定额工程量：

工程量 = $1.5 \times 1.5 \times 6 m^2 = 13.5 m^2$

（套用基础定额7-240）

项目编码：020405008　项目名称：异形木固定窗

【例4-55】 如图4-54所示，求圆形木固定窗工程量。

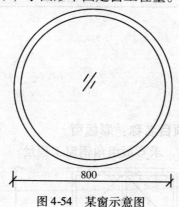

图4-54 某窗示意图

【解】（1）清单工程量：1樘

清单工程量计算见下表：

清单工程量计算表

项目编码	项目名称	项目特征描述	计量单位	工程量
020405008001	异形木固定窗	圆形木固定窗	樘	1

(2)定额工程量:

工程量 $= 3.14 \times \left(\dfrac{0.8}{2}\right)^2 \mathrm{m}^2$

$\qquad = 0.50 \mathrm{m}^2$

(套用基础定额 7-248)

项目编码:020405009   项目名称:装饰空花木窗

【例 4-56】 如图 4-55 所示,求装饰空花木窗工程量。

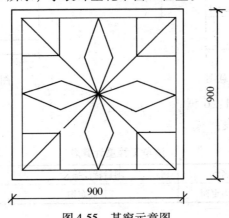

图 4-55 某窗示意图

【解】 (1)清单工程量:1 樘

清单工程量计算见下表:

清单工程量计算表

项目编码	项目名称	项目特征描述	计量单位	工程量
020405009001	装饰空花木窗	装饰空花木窗	樘	1

(2)定额工程量:

工程量 $= 0.9 \times 0.9 \mathrm{m}^2$

$\qquad = 0.81 \mathrm{m}^2$

(套用消耗量定额 4-056)

项目编码:020406006   项目名称:彩板窗

【例 4-57】 如图 4-56 所示,求彩板组角钢窗工程量。

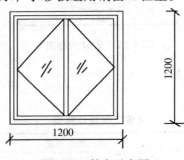

图 4-56 某窗示意图

【解】 (1)清单工程量：1 樘
清单工程量计算见下表：

清单工程量计算表

项目编码	项目名称	项目特征描述	计量单位	工程量
020406006001	彩板窗	彩板组角钢窗	樘	1

(2)定额工程量：
工程量 $= 1.2 \times 1.2 m^2 = 1.44 m^2$
(彩板窗套用消耗量定额 4－042)

【例4-58】 某工程采用金属平开窗如图 4-57 所示，共 20 樘，计算金属平开窗的工程量。

【解】 (1)清单工程量：20 樘
清单工程量计算见下表：

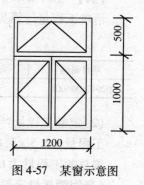

图 4-57 某窗示意图

清单工程量计算表

项目编码	项目名称	项目特征描述	计量单位	工程量
020406002001	金属平开窗	金属平开窗	樘	20

(2)定额工程量：
工程量 $= 1.2 \times 1.5 m^2 = 1.80 m^2$
则总的工程量：$1.80 \times 20 m^2 = 36.00 m^2$
(套用消耗量定额 4－017)

【例4-59】 如图 4-58 所示，金属组合窗 10 樘，求其工程量。

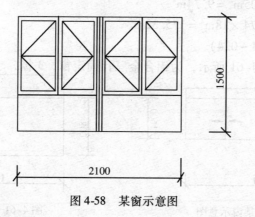

图 4-58 某窗示意图

【解】 (1)清单工程量：10 樘
清单工程量计算见下表：

清单工程量计算表

项目编码	项目名称	项目特征描述	计量单位	工程量
020406005001	金属组合窗	金属组合窗	樘	10

(2)定额工程量:

工程量 $= 2.1 \times 1.5 \text{m}^2 = 3.15 \text{m}^2$

则总的工程量: $3.15 \times 10 \text{m}^2 = 31.50 \text{m}^2$

(套用基础定额 7-311)

【例 4-60】 如图 4-59 所示,金属百叶窗 2 樘,求其工程量。

【解】 (1)清单工程量: 2 樘

清单工程量计算见下表:

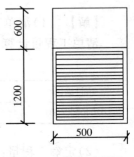

图 4-59 某窗示意图

清单工程量计算表

项目编码	项目名称	项目特征描述	计量单位	工程量
020406004001	金属百叶窗	金属百叶窗	樘	2

(2)定额工程量:

工程量 $= 0.5 \times 1.8 \text{m}^2 = 0.90 \text{m}^2$

则总的工程量为 $0.90 \times 2 \text{m}^2 = 1.80 \text{m}^2$

(套用消耗量定额 4-037)

【例 4-61】 如图 4-60 所示,金属推拉窗为四扇带亮窗,共 18 樘,求其工程量。

【解】 (1)清单工程量: 18 樘

清单工程量计算见下表:

清单工程量计算表

项目编码	项目名称	项目特征描述	计量单位	工程量
020406001001	金属推拉窗	金属推拉窗为四扇带亮子	樘	18

(2)定额工程量:

工程量 $= 4.75 \times 2.05 \text{m}^2 = 9.74 \text{m}^2$

则总的工程量: $9.74 \times 18 \text{m}^2 = 175.32 \text{m}^2$

(套用消耗量定额 4-024)

【例 4-62】 如图 4-61 所示,为铝合金三孔固定窗,3 樘,求其工程量。

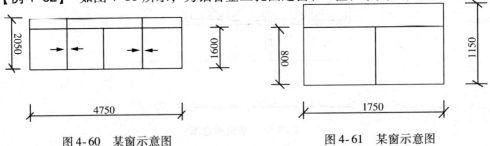

图 4-60 某窗示意图　　　　　图 4-61 某窗示意图

【解】 (1)清单工程量: 3 樘

清单工程量计算见下表:

清单工程量计算表

项目编码	项目名称	项目特征描述	计量单位	工程量
020406003001	金属固定窗	铝合金三孔固定窗	樘	3

(2)定额工程量：

工程量 $= 1.75 \times 1.15 m^2 = 2.01 m^2$

则总的工程量：$2.01 \times 3 m^2 = 6.03 m^2$

(套用消耗量定额 4-025)

【例 4-63】 某房屋采用金属防盗窗 30 樘，尺寸如图 4-62 所示，求其窗工程量。

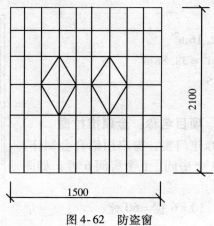

图 4-62 防盗窗

【解】 (1)清单工程量：30 樘

清单工程量计算见下表：

清单工程量计算表

项目编码	项目名称	项目特征描述	计量单位	工程量
020406008001	金属防盗窗	金属防盗窗	樘	30

(2)定额工程量：

工程量 $= 1.5 \times 2.1 m^2 = 3.15 m^2$

总的工程量：$3.15 \times 30 m^2 = 94.50 m^2$

(套用消耗量定额 4-047)

【例 4-64】 某单位工程采用单层塑钢窗 18 樘，如图 4-63 所示，求其工程量。

【解】 (1)清单工程量：18 樘

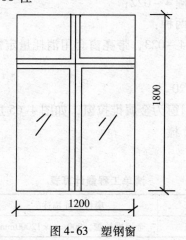

图 4-63 塑钢窗

清单工程量计算见下表：

清单工程量计算表

项目编码	项目名称	项目特征描述	计量单位	工程量
020406007001	塑钢窗	单层塑钢窗	樘	18

（2）定额工程量：

工程量 $=1.2\times1.8m^2=2.16m^2$

总的工程量：$2.16\times18m^2=38.88m^2$

（套用消耗量定额 4-045）

项目编码：020406001　项目名称：金属推拉窗

【例4-65】 某教学楼修建门窗，窗户用铝合金制作，并且还是金属推拉窗，有10个房间，1个房间6樘，如图4-64所示，求其工程量。

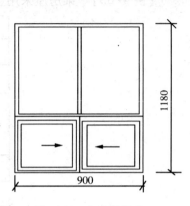

图 4-64　左右推拉窗

【解】（1）清单工程量：10×6 樘 $=60$ 樘

清单工程量计算见下表：

清单工程量计算表

项目编码	项目名称	项目特征描述	计量单位	工程量
020406001001	金属推拉窗	铝合金推拉窗	樘	60

（2）定额工程量：

工程量 $=0.9\times1.18m^2=1.06m^2$

则总的定额工程量：$1.06\times60m^2=63.60m^2$

注：推拉窗有双扇、三扇、四扇。

双扇分不带亮窗、带亮窗两种，带亮窗套用消耗量定额4-020，不带亮窗套用消耗量定额4-019；

三扇有不带亮窗和带亮窗两种：不带亮窗套用消耗量定额4-021，带亮窗套用消耗量定额4-022；

四扇有不带亮窗和带亮窗两种：

不带亮窗套用消耗量定额4-023，带亮窗套用消耗量定额4-024；

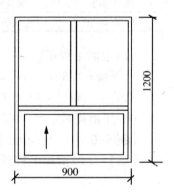

图 4-65　上、下推拉窗

本题套用消耗量定额4-020。

【例4-66】 某办公室的门窗为金属推拉窗，如图4-65所示，2樘，求其工程量。

【解】（1）清单工程量：2樘

清单工程量计算见下表：

清单工程量计算表

项目编码	项目名称	项目特征描述	计量单位	工程量
020406001001	金属推拉窗	金属推拉窗，900mm×12000mm	樘	2

(2)定额工程量:

工程量 $= 0.9 \times 1.2 m^2 = 1.08 m^2$

则总的定额工程量: $1.08 \times 2 m^2 = 3.16 m^2$

(套用消耗量定额 4-020)

项目编码:020406002　　项目名称:金属平开窗

【例 4-67】 如图 4-66 所示为一金属平开窗尺寸图,某房屋采用此平开窗制作安装,有 5 个房间,1 个房间 2 樘,求其工程量。

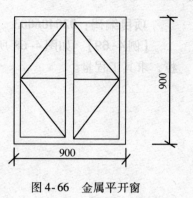

图 4-66　金属平开窗

【解】 (1)清单工程量:$5 \times 2 = 10$ 樘

清单工程量计算见下表:

清单工程量计算表

项目编码	项目名称	项目特征描述	计量单位	工程量
020406002001	金属平开窗	900mm×900mm 金属平开窗	樘	10

(2)定额工程量:

工程量 $= 0.9 \times 0.9 m^2 = 0.81 m^2$

则总的工程量: $0.81 \times 10 m^2 = 8.10 m^2$

注:平开窗分单扇、双扇。

单扇平开窗有三种:无上亮、带上亮、带顶窗。

双扇平开窗也有三种:无上亮、带上亮、带顶窗。

单扇平开窗:无上亮窗套用消耗量定额 4-013,带上亮窗套用消耗量定额 4-014,带顶窗套用消耗量定额 4-015。

双扇平开窗:无上亮窗套用消耗量定额 4-016,带上亮窗套用消耗量定额 4-017,带顶窗套用消耗量定额 4-018。

本题套用消耗量定额 4-016。

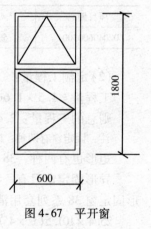

图 4-67　平开窗

【例 4-68】 如图 4-67 所示,为一单扇平开窗带上亮,10 樘,求其工程量。

【解】 (1)清单工程量:10 樘

清单工程量计算见下表:

清单工程量计算表

项目编码	项目名称	项目特征描述	计量单位	工程量
020406002001	金属平开窗	单扇金属平开窗	樘	10

(2)定额工程量:

工程量 $= 0.6 \times 1.8 m^2 = 1.08 m^2$

则总的工程量: $1.08 \times 10 m^2 = 10.80 m^2$

(套用消耗量定额 4-014)

项目编码：020406003　项目名称：金属固定窗

【例4-69】 如图4-68所示，某住宅楼采用固定窗，有10间房屋，一间房屋有窗3樘，求其工程量。

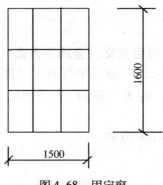

图4-68　固定窗

【解】 (1)清单工程量：$10 \times 3 = 30$ 樘

清单工程量计算见下表：

清单工程量计算表

项目编码	项目名称	项目特征描述	计量单位	工程量
020406003001	金属固定窗	金属固定窗	樘	30

(2)定额工程量：

工程量 $= 1.5 \times 1.6 m^2 = 2.40 m^2$

则总的工程量：$2.40 \times 30 m^2 = 72.00 m^2$

注：固定窗有两种：即矩形、异形。

矩形也有两种，38系列，$25.4 \times 101.5(1' \times 4')$ 方管。

异形固定窗只有一种，还有铝合金固定窗(成品)安装套用消耗量定额4-034，而矩形固定窗38系列套用消耗量定额4-025。

$25.4 \times 101.5(1' \times 4')$ 方管套用消耗量定额4-026，异形固定窗套用消耗量定额4-027。

本题套用消耗量定额4-034。

【例4-70】 某房间采用固定窗，3樘，如图4-69所示，求其工程量。

【解】 (1)清单工程量：3樘

清单工程量计算见下表：

清单工程量计算表

项目编码	项目名称	项目特征描述	计量单位	工程量
020406003001	金属固定窗	金属固定窗	樘	3

(2)定额工程量：

工程量 $= 0.9 \times 2.1 m^2 = 1.89 m^2$

则总的工程量：$1.89 \times 3 m^2 = 5.67 m^2$

(套用消耗量定额4-034)

项目编码：020406004　项目名称：金属百叶窗

【例4-71】 某工程用金属百叶窗，如图4-70所示，共计48樘，求其工程量。

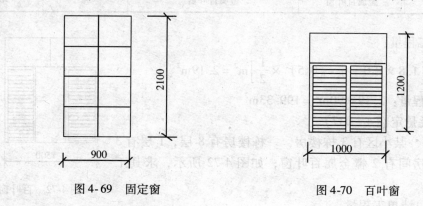

图4-69　固定窗　　　　　　　图4-70　百叶窗

【解】（1）清单工程量：48樘
清单工程量计算见下表：

清单工程量计算表

项目编码	项目名称	项目特征描述	计量单位	工程量
020406004001	金属百叶窗	金属百叶窗	樘	48

（2）定额工程量：

工程量 $= 1.0 \times 1.2 \text{m}^2 = 1.20 \text{m}^2$

则总的工程量：$1.20 \times 48 \text{m}^2 = 57.60 \text{m}^2$

（套用消耗量定额4-037）

【例4-72】 某家属楼修建一栋楼房，有10层，一层有3个房间，一个房间有3樘金属百叶窗，如图4-71所示，求其工程量。

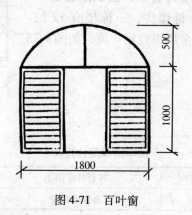

图4-71　百叶窗

【解】（1）清单工程量：$10 \times 3 \times 3 = 90$ 樘
清单工程量计算见下表：

清单工程量计算表

项目编码	项目名称	项目特征描述	计量单位	工程量
020406004001	金属百叶窗	金属百叶窗	樘	90

(2)定额工程量:

工程量 $= \left[1.8 \times 1.0 + \pi \times (0.5)^2 \times \dfrac{1}{2} \right] m^2 = 2.19 m^2$

则总的工程量:$2.19 \times 90 m^2 = 199.33 m^2$

(套用消耗量定额 4-037)

【例 4-73】 某小区有 3 栋楼房,一栋楼房有 8 层,1 层有 3 个房间,一个房间有 2 樘金属百叶窗,如图 4-72 所示,求其工程量。

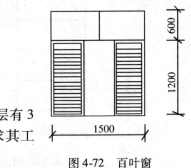

图 4-72 百叶窗

【解】 (1)清单工程量:

$3 \times 8 \times 3 \times 2 = 144$ 樘

清单工程量计算见下表:

清单工程量计算表

项目编码	项目名称	项目特征描述	计量单位	工程量
020406004001	金属百叶窗	金属百叶窗	樘	144

(2)定额工程量:

1 樘金属百叶窗的工程量:$1.5 \times (1.2 + 0.6) m^2 = 2.70 m^2$

则总的工程量为:

$144 \times 2.70 m^2 = 388.80 m^2$

(套用消耗量定额 4-037)

项目编码:020406005   项目名称:金属组合窗

【例 4-74】 某小区有 10 栋楼房,一栋楼有 12 层,一层有 3 个房间,一个房间有金属组合窗 2 樘,如图 4-73 所示,求其工程量。

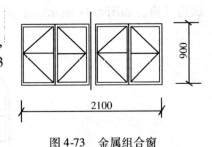

图 4-73 金属组合窗

【解】 (1)清单工程量:

$10 \times 12 \times 3 \times 2$ 樘 $= 720$ 樘

清单工程量计算见下表:

清单工程量计算表

项目编码	项目名称	项目特征描述	计量单位	工程量
020406005001	金属组合窗	金属组合窗	樘	720

(2)定额工程量:

工程量 $= 2.1 \times 0.9 m^2 = 1.89 m^2$

则总的工程量：

$1.89 \times 720 \text{m}^2 = 1360.80 \text{m}^2$（套用基础定额 7-311）

注：清单工程量按设计图示数量计算

【例 4-75】 某栋教学楼有 7 层，一层有 6 个教室，一个教室有金属组合窗 6 樘，如图 4-74 所示，求其工程量。

图 4-74 金属组合窗

【解】 （1）清单工程量：

$7 \times 6 \times 6$ 樘 = 252 樘

清单工程量计算见下表：

清单工程量计算表

项目编码	项目名称	项目特征描述	计量单位	工程量
020406005001	金属组合窗	金属组合窗	樘	252

（2）定额工程量：

工程量 = $2.1 \times 1.5 \text{m}^2 = 3.15 \text{m}^2$

则总的工程量：

$3.15 \times 252 \text{m}^2 = 793.80 \text{m}^2$

（套用基础定额 7-311）

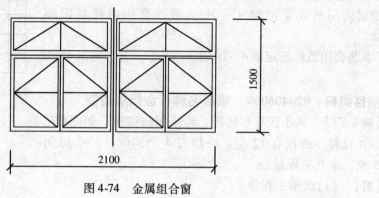

图 4-75 塑钢窗

项目编码：020406007 **项目名称：塑钢窗**

【例 4-76】 某写字楼有 15 层，一层有 12 个房间，一个房间有金属塑钢窗 3 樘，如图 4-75 所示，求其工程量。

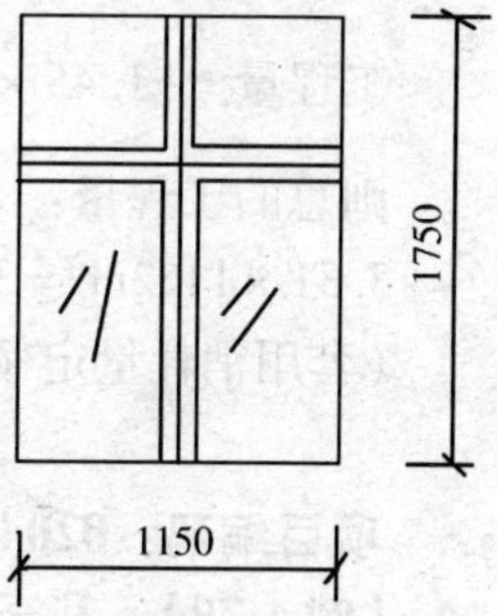

【解】 （1）清单工程量：

$15 \times 12 \times 3$ 樘 = 540 樘

清单工程量计算见下表：

清单工程量计算表

项目编码	项目名称	项目特征描述	计量单位	工程量
020406007001	塑钢窗	金属塑钢窗	樘	540

(2)定额工程量:

工程量 = $1.15 \times 1.75 m^2 = 2.01 m^2$

则总的工程量:

$540 \times 2.01 m^2 = 1085.40 m^2$

注:塑钢窗的安装有单层和带纱两种。

单层套用消耗量定额 4-045,带纱套用消耗量定额 4-046。

(本题套用消耗量定额 4-045)

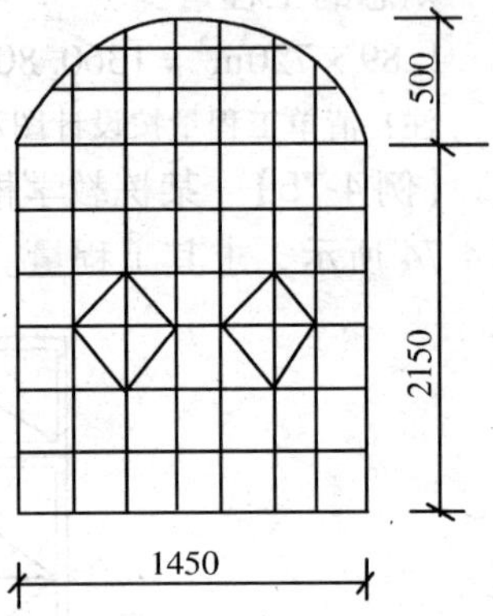

项目编码:020406009　项目名称:金属防盗窗

【例4-77】 某小区有8栋楼,均采用防盗窗,如图4-76所示,并且每一栋楼有12层,一层有4个房间,一个房间有窗3樘,求其工程量。

图4-76 防盗窗

【解】(1)清单工程量:

$8 \times 12 \times 4 \times 3$ 樘 = 1152 樘

清单工程量计算见下表:

清单工程量计算表

项目编码	项目名称	项目特征描述	计量单位	工程量
020406009001	金属防盗窗	金属防盗窗	樘	1152

(2)定额工程量:

工程量 = $[1.45 \times 2.15 + \pi \times (\frac{0.5}{2})^2] m^2 = 3.31 m^2$

则总的工程量:

$3.31 \times 1152 m^2 = 3813.12 m^2$

(套用消耗量定额 4-036)

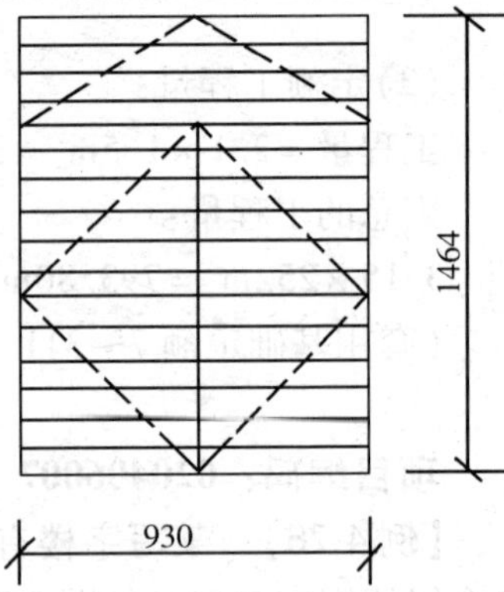

项目编码:020406009　项目名称:金属格栅窗

【例4-78】 某金属格栅窗如图4-77所示,3樘,求其工程量。

图4-77 格栅窗

【解】(1)清单工程量:3樘

清单工程量计算见下表:

清单工程量计算表

项目编码	项目名称	项目特征描述	计量单位	工程量
020406009001	金属格栅窗	金属格栅窗	樘	3

(2)定额工程量:

工程量 = $0.93 \times 1.464 m^2 = 1.36 m^2$

则总的工程量:

$1.36 \times 3 m^2 = 4.08 m^2$

【例4-79】 有3间办公室均采用金属格栅窗,一间有窗3樘,如图4-78所示,求其工程量。

【解】 (1)清单工程量: 3×3 樘 $= 9$ 樘

清单工程量计算见下表:

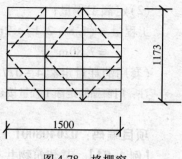

图4-78 格栅窗

清单工程量计算表

项目编码	项目名称	项目特征描述	计量单位	工程量
020406009001	金属格栅窗	金属格栅窗	樘	9

(2)定额工程量:

工程量 = $1.5 \times 1.173 m^2 = 1.76 m^2$

则总的工程量:

$1.76 \times 9 m^2 = 15.84 m^2$

(套用消耗量定额4-049)

【例4-80】 有一木玻璃窗如图4-79所示,框料60mm×80mm,该窗上贴有贴脸,试求贴脸工程量并套定额。

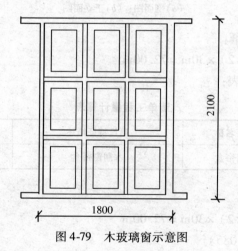

图4-79 木玻璃窗示意图

【解】 (1)清单工程量:

工程量 = $(1.8 \times 0.08 \times 2 + 2.1 \times 0.08 \times 2) \times 2 m^2$
= $1.25 m^2$

清单工程量计算见下表:

清单工程量计算表

项目编码	项目名称	项目特征描述	计量单位	工程量
020407004001	门窗木贴脸	木玻璃窗贴脸,框料60mm×80mm	m²	1.25

(2)定额工程量：

工程量 = (1.8 + 2.1) × 2m
       = 7.80m

（套用消耗量定额 4 – 077）

注：门窗贴脸定额工程量按延长 m 计算，清单工程量按设计图示尺寸以展开面积计算。

项目编码：020408001　项目名称：木窗帘盒

【例 4-81】 某建筑物共有 30 个窗户，均使用木制窗帘盒，尺寸如图 4-80 所示，求窗帘盒工程量并套定额。

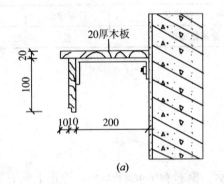 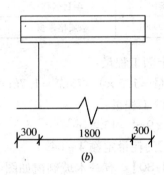

图 4-80　窗帘盒示意图
（a）剖面图；（b）正立面图

【解】 (1)清单工程量：

工程量 = (1.8 + 0.3 × 2) × 30m = 72.00m

清单工程量计算见下表：

清单工程量计算表

项目编码	项目名称	项目特征描述	计量单位	工程量
020408001001	木窗帘盒	木制窗帘盒	m	72.00

(2)定额工程量：

工程量 = (1.8 + 0.3 × 2) × 30m = 72.00m

（套用消耗量定额 4 – 085）

项目编码：020409001　项目名称：木窗台板

【例 4-82】 某铝合金窗下装有木窗台板，如图 4-81 所示，试求木窗台板工程量并套定额。

【解】 (1)清单工程量：

工程量 = (1.8 + 0.1)m = 1.90m

清单工程量计算见下表：

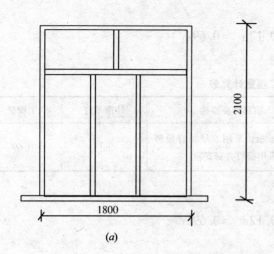
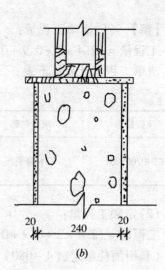

图 4-81 木窗台示意图
(a)立面图;(b)断面图

清单工程量计算表

项目编码	项目名称	项目特征描述	计量单位	工程量
020409001001	木窗台板	铝合金窗下装木窗台板	m	1.90

(2)定额工程量:

工程量 $= (1.8+0.1) \times (0.24/2 + 0.02 + 0.05) m^2$

$= 0.36 m^2$(套用消耗量定额 4-086)

注:窗台板因未规定长度和宽度,按长度增加 100mm,宽度增加 50mm 计算;

窗台板定额工程量按实铺面积计算;

窗台板清单工程量按设计图示尺寸以长度计算。

【例 4-83】 某木门门头和两侧装硬木筒子板,采用 5 层胶合板制作,并采用镶钉方法安装,构造如图 4-82 所示,刷油漆 1 遍,求木筒子板工程量并套定额。

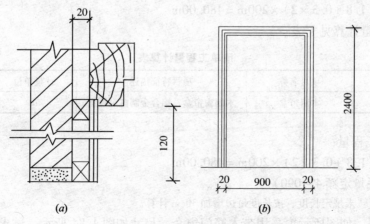

图 4-82 木门木筒子板示意图
(a)平面图;(b)立面图

【解】 (1)清单工程量：

工程量 $= (2.4 \times 2 + 0.9 + 0.02 \times 2) \times 0.12 m^2 = 0.69 m^2$

清单工程量计算见下表：

清单工程量计算表

项目编码	项目名称	项目特征描述	计量单位	工程量
020407005001	硬木筒子板	硬木筒子板，采用5层胶合板制作，并采用镶钉方安安装	m^2	0.69

(2)定额工程量：

工程量 $= (2.4 \times 2 + 0.9 + 0.02 \times 2) \times 0.12 m^2 = 0.69 m^2$

(套用消耗量定额4-080)

【例4-84】 某工程共有200个窗，均采用木制窗帘盒，铝合金制窗帘轨道，尺寸如图4-83所示，求窗帘轨工程量并套定额。

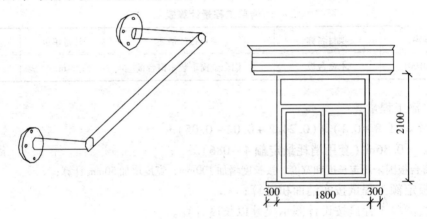

图4-83 窗帘轨示意图

【解】 (1)清单工程量：

工程量 $= (1.8 + 0.3 \times 2) \times 200 m = 480.00 m$

清单工程量计算见下表：

清单工程量计算表

项目编码	项目名称	项目特征描述	计量单位	工程量
020408001001	木窗帘盒	木制窗帘盒，铝合金制窗帘轨道	m	480.00

(2)定额工程量：

工程量 $= (1.8 + 0.3 \times 2) \times 200 m = 480.00 m$

(套用消耗量定额4-090)

注：因窗帘轨未规定长度，按长度每边增加30cm计算。

【例4-85】 如图所示窗采用带木筋门窗套，尺寸如图4-84所示，试求门窗套工程量并套定额。

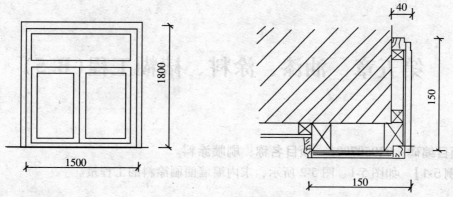

图 4-84 胶合板窗套筒子板

【解】 (1)清单工程量：

工程量 $=(1.8\times2+1.5)\times0.04\text{m}^2=0.20\text{m}^2$

清单工程量计算见下表：

清单工程量计算表

项目编码	项目名称	项目特征描述	计量单位	工程量
020407005001	硬木筒子板木套	采用带筋门窗套，胶合板窗套筒子板	m²	0.20

(2)定额工程量：

工程量 $=(1.8\times2+1.5)\times0.04\text{m}^2=0.20\text{m}^2$

(套用消耗量定额 4-073)

第五章 油漆、涂料、裱糊工程（B.5）

项目编码：020507001　项目名称：刷喷涂料

【例5-1】 如图5-1、图5-2所示，求内墙墙面刷涂料的工程量。

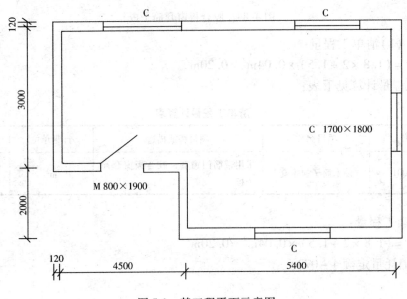

图5-1 某工程平面示意图

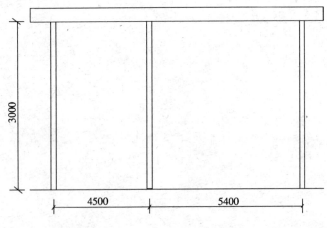

图5-2 某工程剖面示意图

【解】 (1)清单工程量：

工程量 = ｛[4.5 + 5.4 − 0.12 × 2] × 3 + (3 − 0.12 × 2) × 3 + (4.5 × 3 + 2 × 3) + (5.4 −

$0.12 \times 2) \times 3 + (2 + 3 - 0.12 \times 2) \times 3 - 1.7 \times 1.8 \times 4 - 0.8 \times 1.9\} m^2$
$= 72.76 m^2$

清单工程量计算见下表：

清单工程量计算表

项目编码	项目名称	项目特征描述	计量单位	工程量
020507001001	刷喷涂料	内墙墙面刷涂料	m²	72.76

(2)定额工程量：
工程量 = 72.76 × 1.00 = 72.76 m²
（套用消耗量定额 5-232）
注：在计算内墙工程时应扣除门窗洞的面积。

项目编码：020507001　项目名称：刷喷涂料

项目编码：020501001　项目名称：门油漆

【例5-2】 如图5-3所示，求木百叶门刷防腐油漆的工程量。

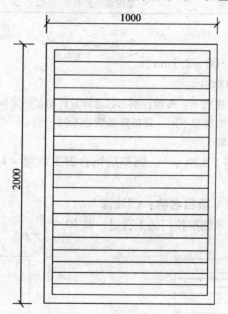

图5-3 木百叶门

【解】 (1)清单工程量：
工程量 = 1 樘
清单工程量计算见下表：

清单工程量计算表

项目编码	项目名称	项目特征描述	计量单位	工程量
020501001001	门油漆	木百叶门刷防腐油漆	樘	1

(2)定额工程量:

工程量 $= 2 \times 1.0 \times 1.25 = 2.50 m^2$

(套用消耗量定额 5-001)

注:门类型应分镶板门、木板门、胶合板门、木纱门、平开门、推拉门、单扇门、双扇门,以及百叶门等类型。两种算法不同,清单算出的工程量乘以一个系数 1.25 就是定额算的工程量。

项目编码:020502001   项目名称:窗油漆

【例 5-3】 求单层玻璃窗的工程量,单层玻璃窗示意图如图 5-4 所示。

【解】 (1)清单工程量:

工程量 = 1 樘

清单工程量计算见下表:

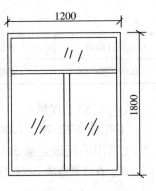

图 5-4 单层玻璃窗

清单工程量计算表

项目编码	项目名称	项目特征描述	计量单位	工程量
020502001001	窗油漆	单层玻璃窗油漆	樘	1

(2)定额工程量:

工程量 $= 1.2 \times 1.8 \times 1.00 = 2.16 m^2$

(套用消耗量定额 5-006)

注:窗工程量在清单计价模式下,按设计图示数量计算,而运用定额则需乘上一个折算系数,单层玻璃窗的折算系数为 1.00,窗的类型不同,其折算系数也不同,例如,单层组合窗的折算系数是 0.83,而木百叶窗的折算系数则为 1.50。

若为单层组合窗(如图 5-5 所示),则单层组合窗工程量 $= 1.2 \times 1.8 \times 0.83 = 1.79 m^2$

项目编号:020501001   项目名称:门油漆

【例 5-4】 如图 5-6 求木制推拉门的工程量,共 10 个。

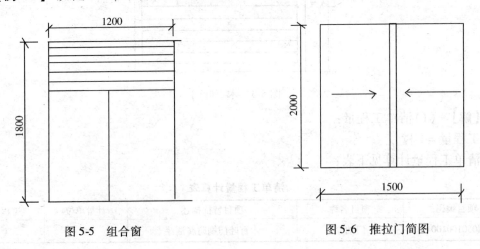

图 5-5 组合窗   图 5-6 推拉门简图

【解】 (1)清单工程量：

工程量 = 1 樘 × 10 = 10 樘

清单工程量计算见下表：

清单工程量计算表

项目编码	项目名称	项目特征描述	计量单位	工程量
020501001001	门油漆	木制推拉门油漆	樘	10

(2)定额工程量：

工程量 = $1.5 × 2 × 1.00 × 10 = 30.00 m^2$

(套用消耗量定额 5－001)

注：在工程量清单计价下，工程量为门的面积，按设计图计算，在套用定额时，则需乘入一个折算系数。

项目编码：020501001　项目名称：门油漆

【例 5-5】 如图 5-7 所示，求带纱扇带亮子镶板门工程量。

【解】 (1)清单工程量：

工程量 = 1 樘

清单工程量计算见下表：

清单工程量计算表

项目编码	项目名称	项目特征描述	计量单位	工程量
020501001001	门油漆	带纱扇带亮子镶板门油漆	樘	1

(2)定额工程量：

工程量 = $0.9 × 2 × 1.36 = 2.45 m^2$

(套用消耗量定额 5－001)

注：带纱扇带亮子镶板门是双层木门，所以在运用定额计算门的工程量时要乘以一个折算系数 1.36。

项目编码：020502001　项目名称：窗油漆

【例 5-6】 如图 5-8 所示，求一玻一纱木窗的工程量，共 32 樘。

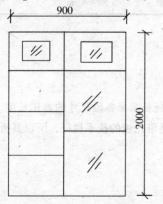 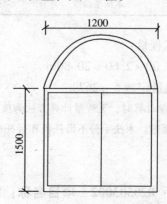

图 5-7　某门示意图　　　　图 5-8　一玻一纱木窗

【解】(1)清单工程量:

工程量 = 1 樘 × 32 = 32 樘

清单工程量计算见下表:

清单工程量计算表

项目编码	项目名称	项目特征描述	计量单位	工程量
020502001001	窗油漆	一玻一纱木窗油漆	樘	32

(2)定额工程量:

1 樘的工程量 = $(1.2 \times 1.5 + \frac{1}{2} \times \pi \times 0.6^2) \times 1.36 = 3.22 m^2$

工程量 = $3.22 \times 32 = 103.04 m^2$

(套用消耗量定额 5 - 002)

注:一玻一纱木窗是双层木窗,在用清单法进行计算时窗的面积乘以 2 倍,共 32 樘,则再乘以 32;套用定额时,首先应根据《全国统一建筑装饰装修工程消耗量定额》查出双层木窗的折算系数 1.36。

项目编码:020503001 项目名称:木扶手油漆

【例5-7】 如图 5-9 所示的木扶手栏杆(带托板),现在某工作队要给扶手刷一层防腐漆,试计算其工程量。

【解】(1)清单工程量:

工程量 = 8.00m

清单工程量计算见下表:

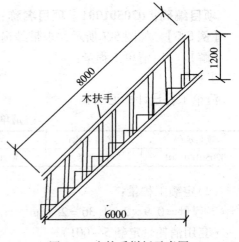

图 5-9 木扶手栏板示意图

清单工程量计算表

项目编码	项目名称	项目特征描述	计量单位	工程量
020503001001	木扶手油漆	扶手刷一层防腐漆	m	8.00

(2)定额工程量:

工程量 = $8.00 \times 2.60 = 20.80m$

(套用消耗量定额 5 - 267)

注:套用定额计算时,工程量计算方法为按延长米计算,延长米是各段尺寸的累积长度。计算时,需乘以一个折算系数。木扶手分不带托板和带托板两种,本题是带托板的扶手栏杆,所以其折算系数为 2.60。

项目编码:020503002 项目名称:窗帘盒油漆

【例5-8】 王先生家进行家庭装修,为了增加窗帘布的美化效果,王先生请装修队在窗帘盒上刷一层绿色的油漆,假如你是装修队的,试计算其工程量。窗帘盒示意图如图5-10所示。

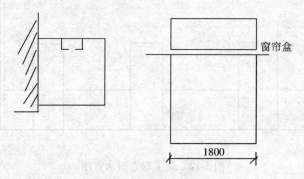

图 5-10 窗帘盒示意图

【解】 (1)清单工程量:

工程量 = 1.80m

清单工程量计算见下表:

清单工程量计算表

项目编码	项目名称	项目特征描述	计量单位	工程量
020503002001	窗帘盒油漆	窗帘盒上刷一层绿色的油漆	m	1.80

(2)定额工程量:

工程量 = $1.8 \times 2.04 = 3.67$m

(套用消耗量定额 5 - 201)

注:《全国统一建筑装饰装修工程消耗量定额》中规定,窗帘盒的工程量按延长米计算,其折算系数为 2.04。

项目编码:020201001   项目名称:墙面一般抹灰

【例5-9】 如图5-11、图5-12所示,试计算外墙裙抹水泥砂浆工程量(做法:外墙裙做1:3水泥砂浆计算$\delta=14$,做 1:2.5 水泥砂浆抹面$\delta=6$)。

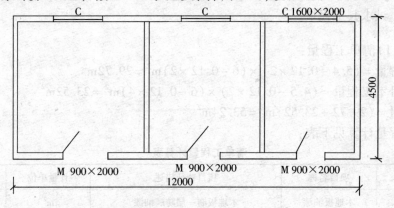

图 5-11 某工程平面示意图

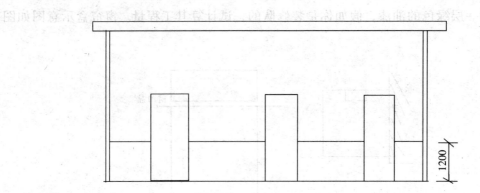

图 5-12　某工程立面示意图

【解】（1）清单工程量：

外墙长 = $[(12+4.5) \times 2 - 0.9 \times 3]$m = 30.30m

工程量 = 30.3×1.2 = 36.36m²

清单工程量计算见下表：

清单工程量计算表

项目编码	项目名称	项目特征描述	计量单位	工程量
020201001001	墙面一般抹灰	外墙裙抹水泥砂浆，1:3 水泥砂浆 1.4mm 厚，1:2.5 水泥砂浆抹面 6mm 厚	m	36.36

（2）定额工程量：

工程量 = $30.3 \times 1.2 \times 1.00$m² = 36.36m²

（套用基础定额 11 - 25）

注：墙裙的折算系数为 1.00，在计算外墙长时应扣除门洞宽。

外墙裙的工程量 = 长×宽。

项目编码：020504014　项目名称：木地板、油漆

【例 5-10】 图 5-13 为某居室平面图，假设室内全部铺成木地板，现欲给木地板刷一层防腐油漆，试求其工程量。

【解】（1）清单工程量：

客厅工程量 = $(5.4 - 0.12 \times 2) \times (6 - 0.12 \times 2)$m² = 29.72m²

厨卫 + 卧室工程量 = $(4.5 - 0.12 \times 2) \times (6 - 0.12 \times 4)$m² = 23.52m²

总工程量 = $(29.72 + 23.52)$m² = 53.24m²

清单工程量计算见下表：

清单工程量计算表

项目编码	项目名称	项目特征描述	计量单位	工程量
020504014001	木地板油漆	木地板刷一层防腐油漆	m²	53.24

第五章 油漆、涂料、裱糊工程（B.5）

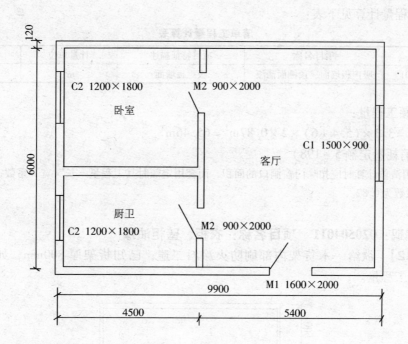

图 5-13 某居室平面图

（2）定额工程量：

总工程量 = 53.24 × 1.00 m² = 53.24 m²

（套用消耗量定额 5-152）

注：套用定额时，木板的计算方法为长×宽×折算系数，查《执行其他木材面定额工程量系数表》，可知其系数为 1.00。

项目编码：020504006　项目名称：吸声板墙面、顶棚面油漆

【例 5-11】　某居室的客厅内全部使用吸声板墙面，现欲装置吸声板墙面，试求其工程量。如图 5-13、图 5-14 所示。

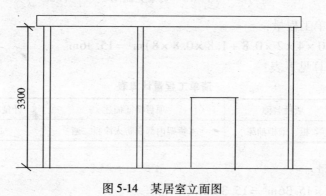

图 5-14 某居室立面图

【解】　（1）清单工程量：

工程量 = [(5.4 - 0.12 × 2 + 6 - 0.12 × 2) × 2 × 3.3 - 0.9 × 2 × 2 - 1.5 × 0.9 - 1.6 × 2] m²
= 63.92 m²

清单工程量计算见下表:

清单工程量计算表

项目编码	项目名称	项目特征描述	计量单位	工程量
020504006001	吸声板墙面、顶棚面油漆	吸声板墙面	m^2	63.92

(2)定额工程量:

工程量 $= 3.3 \times (5.4 + 6) \times 2 \times 0.87 m^2 = 65.46 m^2$

(套用消耗量定额 5-198)

注:应用清单计算时应扣除门窗洞口的面积,而套用定额时其工程量=长×宽×系数,在这里,吸声板墙面的系数为 0.87。

项目编码:020504011 项目名称:衣柜、壁柜油漆

【例5-12】 欲给一木货架内部刷防火涂料二遍,已知货架厚800mm,如图5-15所示,试求其工程量。

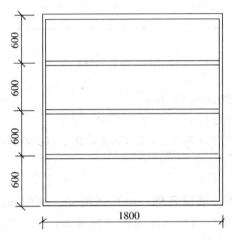

图 5-15 货架立面图

【解】 (1)清单工程量:

工程量 $= (0.60 \times 4 \times 2 \times 0.8 + 1.8 \times 0.8 \times 8) m^2 = 15.36 m^2$

清单工程量计算见下表:

清单工程量计算表

项目编码	项目名称	项目特征描述	计量单位	工程量
020504011001	衣柜、壁柜油漆	木货架内部刷防火涂料二遍	m^2	15.36

(2)定额工程量:

工程量 $= 1.00 \times 15.36 m^2 = 15.36 m^2$

(套用消耗量定额 5-158)

注:在工程量清单下,货架的工程量按设计图示尺寸以油漆部分展开面积计算,而套用定额时,则按实刷展开面积乘以系数求得。套用《执行其他木材面定额工程量系数表》。

项目编号：020504008　项目名称：木间壁、木隔断油漆

【例5-13】 张小姐家的房子里放置一个木隔断，如图5-16所示，将空间分为餐厅和客厅，现在张小姐想把木隔断表面刷成她喜欢的浅绿色，试计算工程量。

【解】（1）清单工程量：

工程量 = $3 \times 2.5 = 7.50 \text{m}^2$

清单工程量计算见下表：

清单工程量计算表

项目编码	项目名称	项目特征描述	计量单位	工程量
020504008001	木间壁、木隔断油漆	木隔断刷浅绿色油漆	m²	7.50

（2）定额工程量：

工程量 = $1.90 \times 3 \times 2.5 = 14.25 \text{m}^2$

（套用消耗量定额5-124）

注：应用清单法计算时，其工程量按设计图示尺寸以单面外围面积计算，套用定额时，其工程量按单面外围面积乘以系数计算。在这里，木隔断的系数为1.90。

项目编码：020505001　项目名称：金属面油漆

【例5-14】 如图5-17所示为一个金属构件，现在欲给它涂醇酸磁漆二遍，已知该金属构件的密度为$\rho \text{kg/m}^3$，试求该金属构件油漆的工程量。

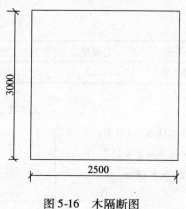

图5-16　木隔断图

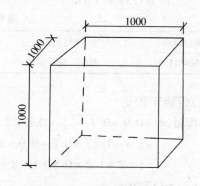

图5-17　金属构件示意图

【解】（1）清单工程量：

工程量 = $1 \times 1 \times 1 \times \rho \text{kg} = \rho \text{kg} = 0.001\rho \text{t}$

清单工程量计算见下表：

清单工程量计算表

项目编码	项目名称	项目特征描述	计量单位	工程量
020505001001	金属面油漆	醇酸磁漆二遍	t	0.001ρ

（2）定额工程量：

工程量 = $1 \times 1 \times 1 \times \rho = \rho \text{kg} = 0.001\rho \text{t}$

（套用消耗量定额5-180）

注：套用定额时，金属构件油漆的工程量按构件重量计算；运用清单法计算工程量时，按设计图示尺寸以质量计算，计量单位为 t。

项目编码：020504011　　项目名称：衣柜、壁柜油漆

【例 5-15】 求衣柜刷装修油漆的工程量。由于装修要求，衣柜的背立面也要涂刷。如图 5-18 所示。

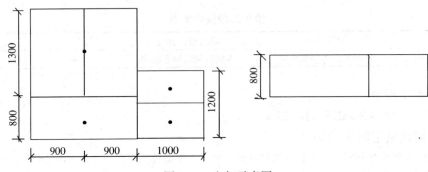

图 5-18　衣柜示意图

【解】（1）清单工程量：

工程量 = [(0.9 + 0.9 + 1) × 0.8 × 2 + (0.8 + 1.3) × 0.8 + (0.8 + 1.3 − 1.2) × 0.8 + 0.9 × 2 × 1.3 + 0.8 × 0.9 × 2 + 1.2 × 1 × 2 + 1.2 × 0.8 + (0.8 + 1.3) × 0.9 × 2]m²
= 17.80m²

清单工程量计算见下表：

清单工程量计算表

项目编码	项目名称	项目特征描述	计量单位	工程量
020504011001	衣柜、壁柜油漆	衣柜刷装修油漆	m²	17.80

（2）定额工程量：

工程量 = [(0.9 + 0.9 + 1) × 0.8 × 2 + (0.8 + 1.3) × 0.8 + (0.8 + 1.3 − 1.2) × 0.8 + 0.9 × 2 × 1.3 + 0.8 × 0.9 × 2 + 1.2 × 1 × 2 + 1.2 × 0.8 + (0.8 + 1.3) × 0.9 × 2] × 1.00m²
= 17.80m²

（套用消耗量定额 5 − 124）

项目编码：020504012　　项目名称：梁柱饰面油漆

【例 5-16】 一圆柱，欲涂刷调和漆二遍，磁漆一遍，如图 5-19 所示，求其工程量。

【解】（1）清单工程量：

工程量 = 2.4 × (2 × π × 0.6)m²
= 9.04m²

清单工程量计算见下表：

图 5-19　圆柱图

清单工程量计算表

项目编码	项目名称	项目特征描述	计量单位	工程量
020504012001	梁柱饰面油漆	调和漆二遍,磁漆一遍	m²	9.04

(2)定额工程量:

工程量 = $2.4 \times (2 \times \pi \times 0.6) \times 1.00 m^2$
       = $9.04 m^2$

(套用消耗量定额 5-004)

注:梁柱饰面,这里的梁柱指木质材料的,故在用定额法计算其工程量时,参考《执行其他木材面定额工程量系数表》按其实刷展开面积计算,并需乘以其系数 1.00。

项目编码:020504004 项目名称:清水板条天棚、檐口油漆

【例5-17】 如图 5-20、图 5-21 所示,求檐口油漆(聚氨酯漆二遍)工程量。

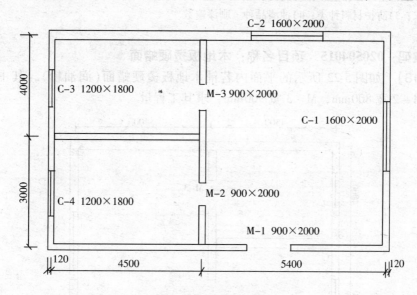

图 5-20 某工程示意图

【解】(1)清单工程量:
工程量 = $(4.5 + 5.4 + 0.12 \times 2 + 7 + 0.12 \times 2 + 0.8 \times 4) \times 2 \times 0.4 m^2 = 16.46 m^2$

清单工程量计算见下表:

清单工程量计算表

项目编码	项目名称	项目特征描述	计量单位	工程量
020504004001	清水板条天棚、檐口油漆	聚氨酯漆二遍	m²	16.46

(2)定额工程量:

工程量 = $(4.5 + 5.4 + 0.12 \times 2 + 7 + 0.12 \times 2 + 0.8 \times 4) \times 2 \times 0.4 \times 1.07 m^2$
       = $17.62 m^2$(套用消耗量定额 5-004)

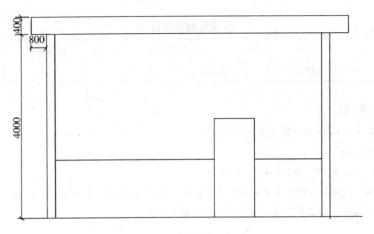

图 5-21 某工程示意图

注：清单下，檐口工程量计算规则为：按设计图示尺寸以面积计算。项目特征为：1)腻子种类；2)刮腻子要求；3)防护材料种类；4)油漆品种、刷漆遍数。

项目编码：020504015　项目名称：木地板烫硬蜡面

【例 5-18】 如图 5-22 所示的平面内若铺木地板烫硬蜡面(润油粉)，其中 M-1 宽 2000mm，M-2 宽 800mm，M-3 宽 900mm，求其工程量。

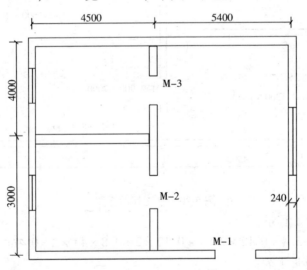

图 5-22 某工程平面图

【解】 (1)清单工程量：

工程量 = $(3+4-0.24)\times(4.5+5.4-0.24)-(7-0.24+4.5-0.24)\times0.24+(0.8+0.9)\times0.24+2\times0.12m^2=62.92m^2$

清单工程量计算见下表：

清单工程量计算表

项目编码	项目名称	项目特征描述	计量单位	工程量
020504015001	木地板烫硬蜡面	室内木地板烫硬蜡面	m²	62.92

(2)定额工程量：

工程量 = $62.92 \times 1.0 m^2 = 62.92 m^2$

(套用消耗量定额 5-147)

注：定额计算工程量时，按其实刷面积计算。

项目编码：020503004　项目名称：黑板框油漆

【例5-19】 如图5-23所示为一黑板框，求给黑板框刷聚氨酯漆二遍的工程量，单独木线条为200mm。

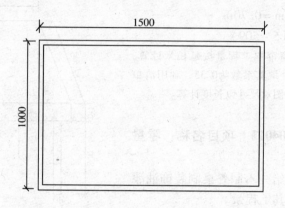

图 5-23　黑板框示意图

【解】 (1)清单工程量：

工程量 = $(1 + 1.5) \times 2 m = 5.00 m$

清单工程量计算见下表：

清单工程量计算表

项目编码	项目名称	项目特征描述	计量单位	工程量
020503004001	黑板框油漆	黑板框刷聚氨酯漆二遍，单独木线条为200mm	m	5.00

(2)定额工程量：

工程量 = $(1 + 1.5) \times 2 \times 0.52 m = 2.60 m$

(套用消耗量定额 5-035)

注：清单计算时按设计图示尺寸以长度计算，定额的计算方法是按延长米计算，由于单独木线条100mm以外，所以其系数为0.52。

项目编码：020503005　项目名称：挂镜线，窗帘棍、单独木线油漆

【例5-20】 求如图5-24所示，窗帘棍清漆二遍的工程量。

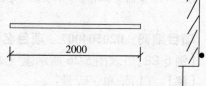

图 5-24　窗帘棍示意图

【解】 (1)清单工程量:

工程量 = 2.00m

清单工程量计算见下表:

清单工程量计算表

项目编码	项目名称	项目特征描述	计量单位	工程量
020503005001	挂镜线、窗帘棍、单独木线油漆	窗帘棍油漆	m	2

(2)定额工程量:

工程量 = 0.35×2m = 0.70m

(套用消耗量定额 5-509)

注:套用定额时,窗帘棍工程量按延长米计算,单独木线条100mm以内,取其系数为0.35,利用清单计算时,其工程量按设计图示尺寸以长度计算。

项目编码:020504013 项目名称:零星木装修油漆

【例5-21】 现欲给一木制餐桌刷装饰油漆如图5-25所示,试求其工程量。

【解】 (1)清单工程量:

工程量 = $(1.2 \times 1.8 + 0.05 \times 1.2 \times 2 + 0.05 \times 1.8 \times 2 + \pi \times 0.04 \times 0.8 \times 4)$m²

= 2.86m²

清单工程量计算见下表:

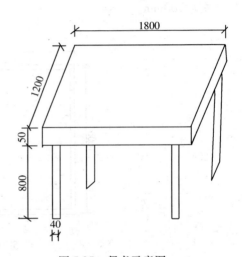

图5-25 餐桌示意图

清单工程量计算表

项目编码	项目名称	项目特征描述	计量单位	工程量
020504013001	零星木装修油漆	木制餐桌刷装饰油漆	m²	2.86

(2)定额工程量:

工程量 = $(1.2 \times 1.8 + 0.05 \times 1.2 \times 2 + 0.05 \times 1.8 \times 2 + \pi \times 0.04 \times 0.8 \times 4) \times 1.10$m²

= 3.15m²

(套用消耗量定额 5-136)

注:木餐桌油漆套用零星木装修的定额,系数为1.10。

项目编码:020504007 项目名称:暖气罩油漆

【例5-22】 求图5-26所示暖气罩刷防火漆二遍的工程量,已知罩厚为400mm。

【解】 (1)清单工程量:

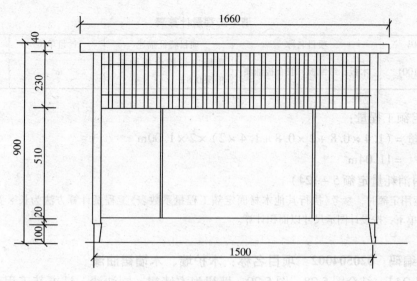

图 5-26 木制暖气片罩

工程量 = {[0.04×1.66 + (0.23+0.51)×1.5 + (0.1+0.02)×1.5 - 2×0.04×0.02]
×2 + (0.9-0.04)×0.4×2 + 0.4×1.66×2 + 0.04×0.4×2 + (1.66-1.5)
×0.4}m^2

= 4.82m^2

清单工程量计算见下表:

清单工程量计算表

项目编码	项目名称	项目特征描述	计量单位	工程量
020504007001	暖气罩油漆	暖气罩油漆,罩厚为400mm	m^2	4.84

(2)定额工程量:

工程量 = {[0.04×1.66 + (0.23+0.51)×1.5 + (0.1+0.02)×1.5 - 2×0.04×0.02]
×2 + (0.9-0.04)×0.4×2 + 0.4×1.66×2 + 0.04×0.4×2 + (1.66-1.5)
×0.4} × 1.28m^2

= 6.17m^2

(套用消耗量定额 5-158)

项目编码:020504001 项目名称:木板、纤维板、胶合板油漆

【例5-23】 已知一壁柜内衬胶合板,如图5-27所示,现欲涂油漆于胶合板上,求其工程量。已知柜深为0.8m。

【解】 (1)清单工程量:

工程量 = (1.4×0.8 + 2×0.8 + 1.4×2)×2m^2

= 11.04m^2

清单工程量计算见下表:

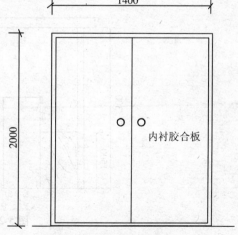

图 5-27 内衬胶合板壁柜

清单工程量计算表

项目编码	项目名称	项目特征描述	计量单位	工程量
020504001001	木板、纤维板、胶合板油漆	壁柜内衬胶合板油漆,柜深0.8m	m²	11.04

(2)定额工程量:

工程量 $= (1.4 \times 0.8 + 2 \times 0.8 + 1.4 \times 2) \times 2 \times 1.00 \text{m}^2$
$= 11.04 \text{m}^2$

(套用消耗量定额5-124)

注:运用定额时,参考《执行其他木材面定额工程量系数表》工程量计算方法为长×宽,系数取为1.00。在清单下,按设计图示尺寸以面积计算。

项目编码:020504002　项目名称:木护墙、木墙裙油漆

【例5-24】 结合图5-28、图5-29,墙裙为木墙裙,刷油漆,试求其工程量。已知窗台高1.2m,窗洞侧油漆宽100mm。

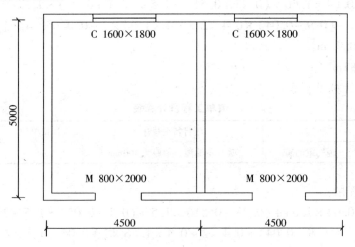

图5-28　某工程平面图

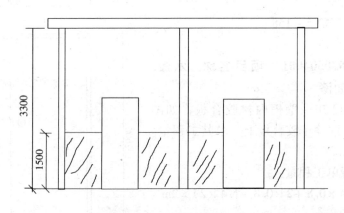

图5-29　某工程立面图

【解】 (1)清单工程量:

工程量 = $[(4.5+4.5-0.24\times2+5-0.24+5-0.24)\times2\times1.5-0.8\times1.5\times2-(1.5-1.2)\times2\times1.6+(1.5-1.2)\times0.1\times4]m^2$
= $50.88m^2$

清单工程量计算见下表:

清单工程量计算表

项目编码	项目名称	项目特征描述	计量单位	工程量
020504002001	木护墙、木墙裙油漆	木墙裙刷油漆,窗台高1.2m,窗洞侧油漆宽100mm	m^2	50.88

(2)定额工程量:

墙裙油漆的工程量 = 长×高 - ∑应扣除面积 + ∑应增加面积

工程量 = $[(4.5+4.5-0.24\times2+5-0.24+5-0.24)\times2\times1.5-0.8\times1.5\times2-(1.5-1.2)\times2\times1.6+(1.5-1.2)\times0.1\times4]\times1.00m^2$
= $50.88m^2$

(套用消耗量定额5-004)

注:清单下木墙裙工程量按设计图示尺寸以面积计算,应用定额时,工程量计算方法为长×宽,系数取为1.00。

项目编码:020504010 项目名称:木栅栏、木栏杆(带扶手)油漆

【例5-25】 图5-30为栏板及扶手,栏板为木栏板,进行装修时,为了使栏板耐用,需刷二遍防火油漆,假如你是承包队,试计算其工程量。

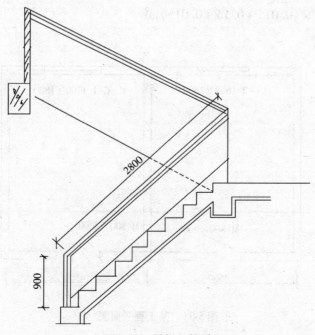

图5-30 栏板及扶手

【解】 (1)清单工程量:

工程量 $= 0.9 \times 2.8 \text{m}^2 = 2.52 \text{m}^2$

清单工程量计算见下表:

清单工程量计算表

项目编码	项目名称	项目特征描述	计量单位	工程量
020504010001	木栅栏、木栏杆（带扶手）油漆	木栏杆（带扶手）刷二遍防火油漆	m²	2.52

(2)定额工程量:

工程量 $= 0.9 \times 2.8 \times 1.82 \text{m}^2 = 4.59 \text{m}^2$

(套用消耗量定额 5-158)

注：定额计算时，计算方法为单面外围面积，木栅栏的系数为 1.82；清单计算时，项目特征为：1. 腻子种类；2. 刮腻子要求；3. 防护材料种类；4. 油漆品种、刷漆遍数。计算时按设计图示尺寸以单面外围面积计算。

项目编码：020504003　　**项目名称**：窗台板、筒子板、盖板、门窗套、踢脚线油漆

【例5-26】 求如图5-31、图5-32所示，木踢脚线刷防腐油漆的工程量。

【解】 (1)清单工程量:

内墙长 $= [(5 - 2 \times 0.12) \times 4 + (4.5 - 2 \times 0.12) \times 4 - 0.8 \times 2] \text{m}^2$
$= 34.48 \text{m}^2$

工程量 $= 34.48 \times (0.015 + 0.15 + 0.015) \text{m}^2$
$= 6.21 \text{m}^2$

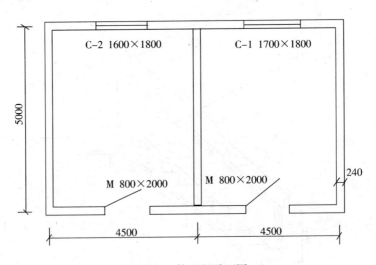

图 5-31　某工程平面图

清单工程量计算见下表:

清单工程量计算表

项目编码	项目名称	项目特征描述	计量单位	工程量
020504003001	窗台板、筒子板、盖板、门窗套、踢脚线油漆	木踢脚线刷防腐油漆	m²	6.21

(2)定额工程量:

内墙长 $= (5 - 2 \times 0.12 + 4.5 - 2 \times 0.12) \times 4 - 0.8 \times 2 \text{m}^2$
$= 34.48 \text{m}^2$

工程量 $= 34.48 \times (0.015 + 0.15 + 0.015) \times 1.00 \text{m}^2 = 6.21 \text{m}^2$

(套用消耗量定额 5 - 004)

注:定额计算工程量时,计算方法为长×宽,系数为1.00;清单计算按设计图示尺寸以面积计算。

项目编码:020504005 项目名称:木方格吊顶顶棚油漆

【例 5-27】 试求如图 5-33 所示木方格吊顶顶棚刷防火涂料二遍的工程量。

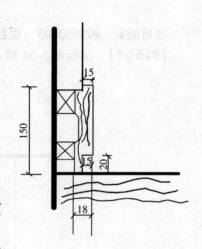

图 5-32 木踢脚线

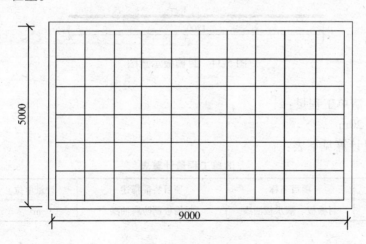

图 5-33 木方格吊顶顶棚

【解】 (1)清单工程量:
工程量 $= 5 \times 9 \text{m}^2 = 45.00 \text{m}^2$

清单工程量计算见下表:

清单工程量计算表

项目编码	项目名称	项目特征描述	计量单位	工程量
020504005001	木方格吊顶顶棚油漆	木方格吊顶顶棚刷防火涂料二遍	m²	45.00

(2)定额工程量：

工程量 = $5 \times 9 \times 1.20 \text{m}^2 = 54.00 \text{m}^2$

（套用消耗量定额 5 – 158）

注：清单计算按设计图示尺寸以面积计算，而利用定额计算时，工程量计算方法为长×宽，其系数取为 1.20。

项目编码：020503003　项目名称：封檐板、顺水板油漆

【例 5-28】 欲给图 5-34 所示封檐板刷防腐油漆，求其工程量。

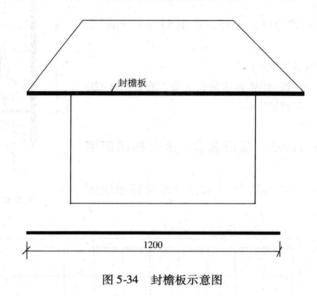

图 5-34　封檐板示意图

【解】 （1）清单工程量：

工程量 = 1.20m

清单工程量计算见下表：

清单工程量计算表

项目编码	项目名称	项目特征描述	计量单位	工程量
020503003001	封檐板、顺水板油漆	封檐板刷防腐油漆	m²	1.20

(2)定额工程量：

工程量 = $1.20 \times 1.74 \text{m} = 2.09 \text{m}$

（套用消耗量定额 5 – 007）

注：定额计算时，其工程量计算方法为按延长米计算，其系数取为 1.74；清单计算时，工程量按设计图示尺寸以长度计算。

项目编码：020502001　项目名称：窗油漆

【例 5-29】 求如图 5-35 所示木百叶窗刷防火油漆二遍的工程量。

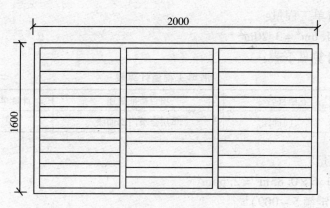

图 5-35 木百叶窗

【解】（1）清单工程量：

工程量 $=(1.6-2\times0.2)\times(2-0.2\times4)\text{m}^2=1.44\text{m}^2$

清单工程量计算见下表：

清单工程量计算表

项目编码	项目名称	项目特征描述	计量单位	工程量
020502001001	窗油漆	木百叶窗刷防火油漆二遍	m²	1.44

（2）定额工程量：

工程量 $=(1.6-2\times0.2)\times(2-0.2\times4)\times1.5=2.16\text{m}^2$

（套用消耗量定额 5-156）

注：定额计算工程量时按单面洞口面积计算，系数取为 1.50。

项目编码：020501001　项目名称：门油漆

【例 5-30】 试求如图 5-36 所示单层全玻门刷油漆的工程量。

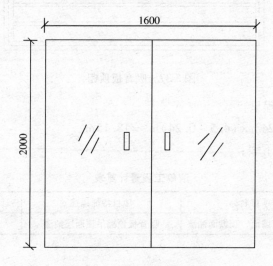

图 5-36 单层全玻门示意图

【解】 （1）清单工程量：

工程量 $= 2 \times 1.6 \text{m}^2 = 3.20 \text{m}^2$

清单工程量计算见下表：

清单工程量计算表

项目编码	项目名称	项目特征描述	计量单位	工程量
020501001001	门油漆	单层全玻门刷油漆	m²	3.20

（2）定额工程量：

工程量 $= 2 \times 1.6 \times 0.83 \text{m}^2 = 2.66 \text{m}^2$

（套用消耗量定额 5-009）

注：定额计算工程量按单面洞口面积计算，系数为 0.83。

项目编码为：020504006　项目名称：吸音板墙面、顶棚面油漆

【例 5-31】 如图 5-37 所示顶棚吊顶为吸音板面层，墙厚 240mm，计算其工程量。

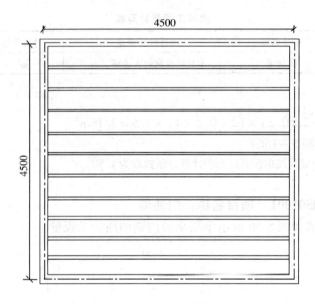

图 5-37　吸音板顶棚

【解】 （1）清单工程量：

工程量 $= (4.5 - 0.24) \times (4.5 - 0.24) \text{m}^2 = 18.15 \text{m}^2$

清单工程量计算见下表：

清单工程量计算表

项目编码	项目名称	项目特征描述	计量单位	工程量
020504006001	吸音板墙面、顶棚面油漆	吸音板顶棚吊顶面层油漆	m²	18.15

（2）定额工程量：

工程量 $= (4.5 - 0.24) \times (4.5 - 0.24) \times 0.87 \text{m}^2 = 15.79 \text{m}^2$

(套用消耗量定额5-158)

注:定额计算工程量时,按长×宽,其系数为0.87。

项目编码:020502001 项目名称:窗油漆

【例5-32】 如图5-38所示设计要求双层木窗刷调和漆一遍,共45樘,求其工程量。

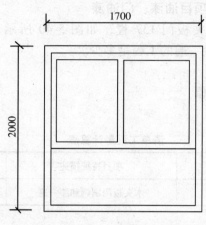

图5-38 双层木窗

【解】(1)清单工程量:

工程量 = 1×45 = 45 樘

清单工程量计算见下表:

清单工程量计算表

项目编码	项目名称	项目特征描述	计量单位	工程量
020502001001	窗油漆	双层木窗刷调和漆一遍	樘	45

(2)定额工程量:

工程量 = $2 \times 1.7 \times 45 \times 1.36 m^2 = 208.08 m^2$(套用消耗量定额5-010)

注:定额计算工程量按单面洞口面积计算,系数为1.36。

项目编码:020501001 项目名称:门油漆

【例5-33】 如图5-39所示双层木门刷调和漆一遍的工程量,共20樘。

【解】(1)清单工程量:

工程量 = 1 樘 × 20 = 20 樘

清单工程量计算见下表:

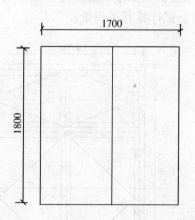

图5-39 双层木门

清单工程量计算表

项目编码	项目名称	项目特征描述	计量单位	工程量
020501001001	门油漆	双层木门刷调和漆一遍	樘	20

(2)定额工程量:

1 樘工程量 = $1.7 \times 1.8 \times 2.00 m^2 = 6.12 m^2$

工程量 = $6.12 \times 20 m^2 = 122.40 m^2$(套用消耗量定额 5 – 009)

注:定额计算工程量按单面洞口面积计算。

项目编码:020501001　项目油漆:门油漆

【例5-34】 某学校有木夹板门 137 樘,如图 5-40 所示,洞口尺寸为 1700mm × 2000mm,试计算此门刷调和漆一遍的工程是多少。

【解】 (1)清单工程量:

工程量 = 1×137 樘 = 137 樘

清单工程量计算见下表:

清单工程量计算表

项目编码	项目名称	项目特征描述	计量单位	工程量
020501001001	门油漆	木夹板门刷调和漆一遍	樘	137

(2)定额工程量:

1 樘工程量 = $1.7 \times 2 \times 1.00 m^2 = 3.40 m^2$

工程量 = $3.40 \times 137 m^2 = 13.60 m^2$(套用消耗量定额 5 – 013)

注:清单计算工程量时,按设计图示数量计算;定额计算工程量时则按单面洞口面积计算,系数为 1.00。

项目编码:020501001　项目名称:门油漆

【例5-35】 某工程有镶板门 4 樘,如图 5-41 所示,尺寸为 1700 × 2000,油漆为清漆,试计算其工程量。

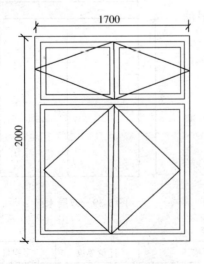

图 5-40 夹板门示意图

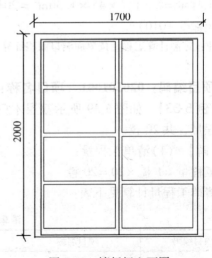

图 5-41 镶板门立面图

【解】 (1)清单工程量:

工程量 = 4 × 1 樘 = 4 樘

清单工程量计算见下表:

清单工程量计算表

项目编码	项目名称	项目特征描述	计量单位	工程量
020501001001	门油漆	镶板门刷清漆	樘	4

(2)定额工程量:

1 樘工程量 = 1.7 × 2 × 1.00 m² = 3.40 m²

工程量 = 3.40 × 4 m² = 13.60 m²(套用消耗量定额 5 - 057)

注:定额计算时,工程量按单面洞口面积计算,系数为 1.00;清单计算工程量按设计图示数量计算。

项目编码:020504008 项目名称:木间壁、木隔断油漆

【例 5-36】 用木隔断隔离一间浴室,如图 5-42、图 5-43 所示,试计算其工程量。

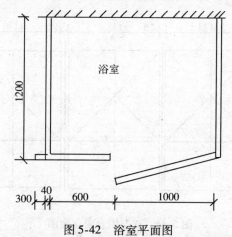

图 5-42 浴室平面图

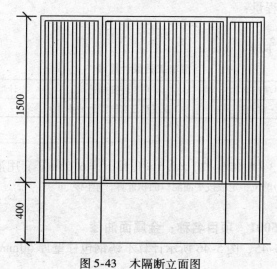

图 5-43 木隔断立面图

【解】 (1)清单工程量:

工程量 = [(1.2×2+1.0+0.6)×1.5+0.04×2×(1.5+0.4)+0.3×1.5]m²
= 6.60m²

清单工程量计算见下表:

清单工程量计算表

项目编码	项目名称	项目特征描述	计量单位	工程量
020504008001	木间壁、木隔断油漆	木隔断隔离一间浴室油漆	m²	6.60

(2)定额工程量:

工程量 = [(1.2×2+1.0+0.6)×1.5+0.04×2×(1.5+0.4)+0.3×1.5]×1.90
= 12.54m²(套用消耗量定额5-158)

注:定额计算工程量按单面外围面积,其系数为1.90。

项目编码:020502001　项目名称:窗油漆

【例5-37】 计算如图5-44所示,双层组合窗刷防火油漆的工程量。

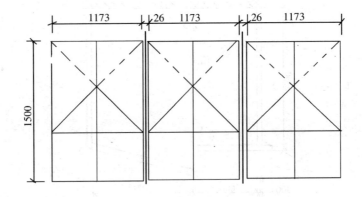

图5-44　双层组合窗立面图

【解】 (1)清单工程量:

工程量 = 3樘

清单工程量计算见下表:

清单工程量计算表

项目编码	项目名称	项目特征描述	计量单位	工程量
020502001001	窗油漆	双层组合窗刷防火油漆	樘	3

(2)定额工程量:

工程量 = (1.173×3+0.026×2)×1.5×1.13m² = 6.05m²(套用消耗量定额5-156)

注:清单计算时以樘为单位,定额按平面洞口面积计算,单位为m²。

项目编码:020505001　项目名称:金属面油漆

【例5-38】 如图5-45、图5-46所示计算不锈钢包柱壁厚50mm,刷醇酸磁漆二遍的工程量。

图5-45 柱立面图

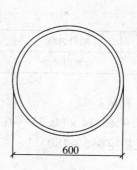
图5-46 柱平面图

【解】（1）清单工程量：

工程量 = $\left\{ 3.14 \times \left(\frac{1}{2} \times 0.6\right)^2 - 3.14 \times \left[\frac{1}{2} \times (0.6 - 0.05 \times 2)^2\right]\right\} \times 3.2 \times 7.9 \times 10^3 \text{kg}$ = $2.183 \times 10^3 \text{kg} = 2.183 \text{t}$

清单工程量计算见下表：

清单工程量计算表

项目编码	项目名称	项目特征描述	计量单位	工程量
020500500l001	金属面油漆	醇酸磁漆二遍	t	2.183

（2）定额工程量：

定额工程量同清单工程量。（套用消耗量定额5-180）

项目编码：020505001   项目名称：醇酸磁漆二遍

【例5-39】 已知钢的密度为 $7.9 \times 10^3 \text{kg/m}^3$，求图5-47、图5-48所示一钢管刷醇酸磁漆二遍的工程量。

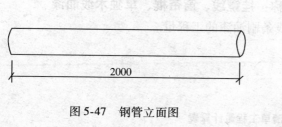

图5-47 钢管立面图　　图5-48 钢管平面图

【解】（1）清单工程量：

工程量 = $\left\{ 3.14 \times \left[\frac{1}{2} \times (0.6 + 2 \times 0.05)\right]^2 - 3.14 \times \left(\frac{1}{2} \times 0.6\right)^2 \right\} \times 2 \times 7.9 \times 10^3 \text{kg}$

$$= 0.2041 \times 7.9 \times 10^3 \text{kg}$$
$$= 1.612 \text{t}$$

清单工程量计算见下表：

清单工程量计算表

项目编码	项目名称	项目特征描述	计量单位	工程量
020505001001	金属面油漆	醇酸磁漆二遍	t	1.612

(2) 定额工程量：

工程量 $= 7.9 \times 3.14 \times (0.35^2 - 0.3^2) \times 2\text{t} = 1.612\text{t}$

(套用消耗量定额 5-180)

项目编码：020505001　项目名称：金属面油漆

【例5-40】 某体育系有 20 个铁球，如图 5-49 所示，现要给这些铁球涂金属油漆，试计算工程量。

【解】 (1) 清单工程量：

工程量 $= 7.9 \times 10^3 \times \dfrac{4}{3} \times 3.14 \times (\dfrac{1}{2} \times 0.1)^3 \times 20\text{kg}$

$= 82.69\text{kg} = 0.083\text{t}$

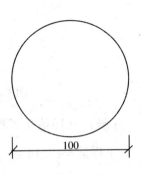

图 5-49　铁球示意图

清单工程量计算见下表：

清单工程量计算表

项目编码	项目名称	项目特征描述	计量单位	工程量
020505001001	金属面油漆	铁球金属油漆	t	0.083

(2) 定额工程量：

工程量 $= 7.9 \times 10^3 \times \dfrac{4}{3} \times 3.14 \times (\dfrac{1}{2} \times 0.1)^3 \times 20\text{kg} = 82.69\text{kg} = 0.083\text{t}$ (套用消耗量定额 5-180)

注：定额计算工程量时按构件重量计算。清单计算工程量时，按设计图示尺寸以质量计算。

项目编码：020503005　项目名称：挂镜线、窗帘棍、单独木线油漆

【例5-41】 求如图 5-50 所示木线条刷油漆的工程量。

【解】 (1) 清单工程量：

工程量 = 3.00m

清单工程量计算见下表：

清单工程量计算表

项目编码	项目名称	项目特征描述	计量单位	工程量
020503005001	挂镜线、窗帘棍、单独木线油漆	木线条刷油漆	m	3.00

第五章 油漆、涂料、裱糊工程（B.5）

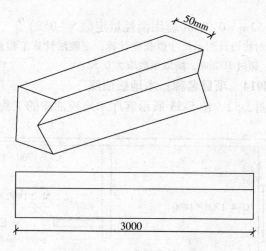

图 5-50 单独木线条示意图

（2）定额工程量：

工程量 = 3×0.35m = 1.05m（套用消耗量定额 5-007）

注：定额工程量计算工程量时，按延长米计算，因为木线条 100mm 以内，所以取系数 0.35。

项目编码：020503005　项目名称：挂镜线、窗帘棍、单独木线油漆

【例 5-42】 如图 5-51 所示的木线条刷防腐油漆，求其工程量。

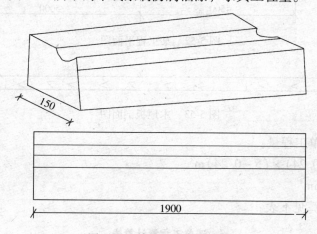

图 5-51 单独木线条示意图

【解】（1）清单工程量：

工程量 = 1.90m

清单工程量计算见下表：

清单工程量计算表

项目编码	项目名称	项目特征描述	计量单位	工程量
020503005001	挂镜线、窗帘棍、单独木线油漆	木线条刷防腐油漆	m	1.90

(2)定额工程量:

工程量 = 1.90 × 0.52m = 0.99m(套用消耗量定额 5-058)

注:清单计算工程量时按设计图示尺寸以长度计算;定额法计算工程量时按延长米计算,单位为 m。因为木线条为 150mm,超过 100mm,所以系数取为 0.52。

项目编码:020504014 项目名称:木地板油漆

【例 5-43】 求如图 5-52、图 5-53 所示客厅木地板油漆的工程量。

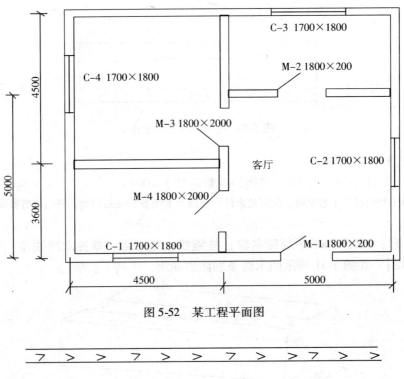

图 5-52 某工程平面图

图 5-53 木地板剖面图

【解】 (1)清单工程量:

工程量 = (5 - 0.24) × (5 - 0.24)m²
      = 22.66m²

清单工程量计算见下表:

清单工程量计算表

项目编码	项目名称	项目特征描述	计量单位	工程量
020504014001	木地板油漆	客厅木地板油漆	m²	22.66

(2)定额工程量:

工程量 = 1.00 × (5 - 0.24) × (5 - 0.24)m²
      = 22.66m²(套用消耗量定额 5-150)

注:1. 定额计算时,木地板、木踢脚线工程量,计算方法为长×宽,系数为 1.00;清单法计算时,按设计图示尺寸以面积计算。空洞、空圈、暖气包槽、壁龛的开口部分并入相应的工程量内。

2. 木地板以材质分为硬木地板、复合木地板、强化复合地板、硬木拼花地板和硬木地板。

【例5-44】 如图5-54所示,试求某餐厅木地板工程量(底油、油色、清漆二遍)。

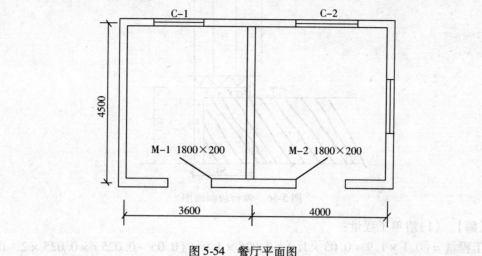

图5-54 餐厅平面图

【解】 (1)清单工程量:

工程量 $= [(4.5-0.24) \times (3.6-0.24) + (4-0.24) \times (4.5-0.24) + 0.24 \times 1.8 \times 2] m^2$
$= 31.20 m^2$

清单工程量计算见下表:

清单工程量计算表

项目编码	项目名称	项目特征描述	计量单位	工程量
020504014001	木地板油漆	餐厅木地板油漆	m²	31.20

(2)定额工程量:

工程量 $= [(4.5-0.24) \times (3.6-0.24) + (4.5-0.24) \times (4-0.24) + 0.24 \times 1.8 \times 2]$
$\quad \times 1.00 m^2$
$= 31.20 m^2$(套用消耗量定额5-152)

项目编码:020504003 项目名称:窗台板、筒子板、盖板、门窗套、踢脚线油漆

【例5-45】 试求如图5-55、图5-56所示窗木窗台板刷防腐油漆的工程量。

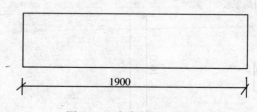

图5-55 窗台板正立面图

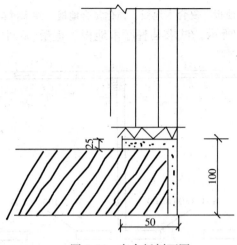

图 5-56 窗台板剖面图

【解】 (1) 清单工程量：

工程量 = $[0.1 \times 1.9 + 0.05 \times 1.9 + 0.025 \times 1.9 + (0.05 - 0.025) \times 0.025 \times 2 + 0.1 \times 0.025 \times 2 + (0.05 - 0.025) \times 1.9 + (0.1 - 0.025) \times 1.9] m^2 = 0.53 m^2$

清单工程量计算见下表：

清单工程量计算表

项目编码	项目名称	项目特征描述	计量单位	工程量
020504003001	窗台板、筒子板、盖板、门窗套、踢脚线油漆	木窗台板刷防腐油漆	m²	0.53

(2) 定额工程量：

工程量 = $[0.1 \times 1.9 + 0.05 \times 1.9 + 0.025 \times 1.9 + (0.05 - 0.025) \times 0.025 \times 2 + 0.1 \times 0.025 \times 2 + (0.05 - 0.025) \times 1.9 + (0.1 - 0.025) \times 1.9] \times 1.00 m^2$

= $0.53 m^2$ (套用消耗量定额 5 - 020)

注：清单计算工程量时，按设计图示尺寸以面积计算。定额计算工程量时，按长×宽计算，其系数取为 1.00。

【例 5-46】 试求如图 5-57、图 5-58 所示门筒子板刷防腐油漆的工程量。

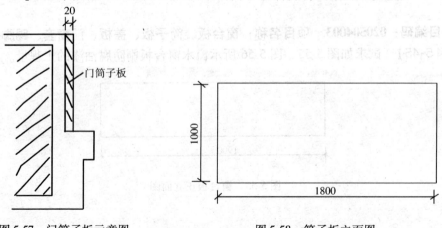

图 5-57 门筒子板示意图　　　图 5-58 筒子板立面图

【解】 (1)清单工程量：

工程量 = $(1 \times 1.8 \times 2 + 0.02 \times 1.8 \times 2 + 1.0 \times 0.02 \times 2) m^2$
= $(3.6 + 0.072 + 0.04) m^2$
= $3.71 m^2$

清单工程量计算见下表：

清单工程量计算表

项目编码	项目名称	项目特征描述	计量单位	工程量
020504003001	窗台板、筒子板、盖板、门窗套、踢脚线油漆	门筒子板刷防腐油漆	m^2	3.71

(2)定额工程量：

工程量 = $(1 \times 1.8 + 0.02 \times 1.8 + 1.0 \times 0.02) \times 2 \times 1.00 m^2$
= $3.71 m^2$ (套用消耗量定额 5-040)

项目编码：020505001　项目名称：金属面油漆

【例 5-47】 试求如图 5-59 所示半截百叶钢门（厚 20mm，钢密度 $7.9 \times 10^3 kg/m^3$）的工程量，共 8 樘。

【解】 (1)清单工程量：

工程量 = $7.9 \times 2 \times 1 \times 0.02 \times 8 t = 2.528 t$

清单工程量计算见下表：

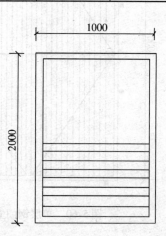

图 5-59 半截百叶钢门

清单工程量计算表

项目编码	项目名称	项目特征描述	计量单位	工程量
020505001001	金属面油漆	半截百叶钢门油漆	t	2.528

(2)定额工程量：

工程量 = $7.9 \times 2 \times 1 \times 0.02 \times 8 t = 2.528 t$ (套用消耗量定额 5-188)

注：清单计算工程量时按图示尺寸以质量计算，定额计算工程量时以构件重量计算。

【例 5-48】 试求如图 5-60 所示单层钢门刷油漆的工程量，共 5 扇（每扇门厚 15mm）。

【解】 (1)清单工程量：

工程量 = $7.9 \times 10^3 \times 2 \times 1.5 \times 0.015 \times 5 kg = 1.778 \times 10^3 kg = 1.778 t$

清单工程量计算见下表：

清单工程量计算表

项目编码	项目名称	项目特征描述	计量单位	工程量
020505001001	金属面油漆	单层钢门刷油漆	t	1.778

(2)定额工程量：

工程量 $= 7.9 \times 2 \times 1.5 \times 0.015 \times 5t = 1.778t$

(套用消耗量定额 5-182)

【例 5-49】 求如图 5-61 所示双层钢门的工程量，共 31 樘(门厚 18mm)。

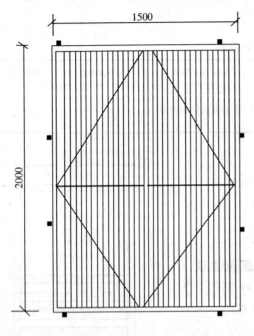

图 5-60　单层钢门立面图　　　　　图 5-61　双层钢门立面图

【解】 (1)清单工程量：

工程量 $= 7.9 \times 10^3 \times 1.99 \times 0.8 \times 0.018 \times 31kg = 7.018 \times 10^3 kg = 7.018t$

清单工程量计算见下表：

清单工程量计算表

项目编码	项目名称	项目特征描述	计量单位	工程量
020505001001	金属面油漆	双层钢门油漆	t	7.018

(2)定额工程量：

定额工程量同清单工程量。(套用消耗量定额 5-189)

【例 5-50】 求如图 5-62 所示，钢丝网大门油漆的工程量，共 20 樘(门厚 12mm)。

【解】 (1)清单工程量：

工程量 $= 7.9 \times 10^3 \times 2 \times 3 \times 0.012 \times 20kg = 11.376 \times 10^3 kg = 11.376t$

清单工程量计算见下表：

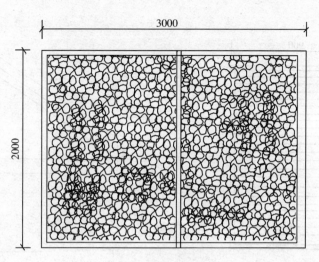

图 5-62 钢丝网大门

清单工程量计算表

项目编码	项目名称	项目特征描述	计量单位	工程量
020505001001	金属面油漆	钢丝网大门油漆	t	11.376

(2)定额工程量:
定额工程量同清单工程量。(套用消耗量定额5-189)

【例5-51】 求如图5-63所示钢百叶钢门油漆的工程量(门厚15mm)。

【解】 (1)清单工程量:

工程量 $= 7.9 \times 10^3 \times 1.99 \times 0.9 \times 0.015 \text{kg} = 0.212 \times 10^3 \text{kg} = 0.212 \text{t}$

清单工程量计算见下表:

清单工程量计算表

项目编码	项目名称	项目特征描述	计量单位	工程量
020505001001	金属面油漆	钢百页钢门油漆	t	0.212

(2)定额工程量:
定额工程量同清单工程量。(套用消耗量定额5-189)

项目编码:020503003　项目名称:封檐板、顺水板油漆

【例5-52】 求如图5-64、图5-65所示封檐板调和漆三遍,磁漆罩面的工程量。

【解】 (1)清单工程量:

工程量 = 4.00m

清单工程量计算见下表:

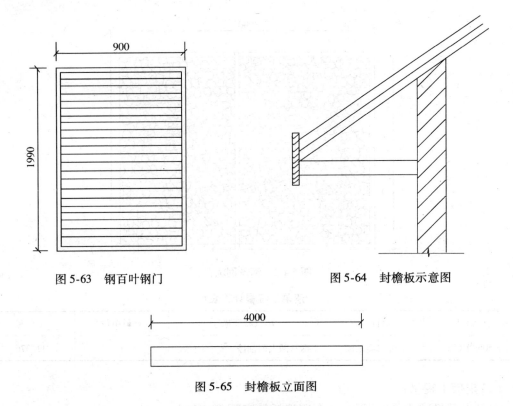

图 5-63 钢百叶钢门　　　　　　图 5-64 封檐板示意图

图 5-65 封檐板立面图

清单工程量计算表

项目编码	项目名称	项目特征描述	计量单位	工程量
020503003001	封檐板、顺水板油漆	调和漆三遍，磁漆罩面	m	4.00

（2）定额工程量：

工程量 = 4.00 × 1.74m = 6.96m（套用消耗量定额 5 - 019）

注：清单计算工程量时按设计图示尺寸以长度计算，计量单位为 m；定额计算工程量时按延长米计算，其折算系数取为 1.74。

项目编码：020505001　项目名称：金属面油漆

【例 5-53】 已知预制混凝土圆桩的桩尖为一铁件，如图 5-66、图 5-67 所示，求其工程量。

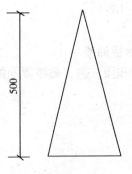

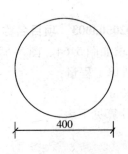

图 5-66 桩尖立面图　　　　　　图 5-67 桩尖平面图

【解】 （1）清单工程量：

已知铁的密度为 $7.9 \times 10^3 \text{kg/m}^3$

工程量 $= \frac{1}{3} \times 3.14 \times (\frac{1}{2} \times 0.4)^2 \times 0.5 \times 7.9 \times 10^3 \text{kg}$

$= 0.17 \times 10^3 \text{kg}$

$= 0.170\text{t}$

清单工程量计算见下表：

清单工程量计算表

项目编码	项目名称	项目特征描述	计量单位	工程量
020505001001	金属面油漆	桩尖油漆	t	0.170

（2）定额工程量：

工程量 $= \frac{1}{3} \times 3.14 \times (\frac{1}{2} \times 0.4)^2 \times 0.5 \times 7.9 \times 10^3 \text{kg}$

$= 0.17 \times 10^3 \text{kg}$

$= 0.170\text{t}$

（套用消耗量定额 5–189）

注：定额计算工程量时金属构件油漆的工程量按构件重量计算。

【例5-54】 如图5-68、图5-69所示铁构件，求刷金属油漆的工程量。

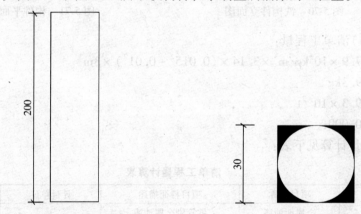

图5-68 铁构件立面图　　图5-69 构件平面图

【解】 （1）清单工程量：

工程量 $= 7.9 \times 10^3 \times (0.2 \times 0.03 \times 0.03 - 3.14 \times 0.015^2 \times 0.2)\text{kg}$

$= 0.31\text{kg}$

$= 0.31 \times 10^{-3}\text{t}$

清单工程量计算见下表：

清单工程量计算表

项目编码	项目名称	项目特征描述	计量单位	工程量
020505001001	金属面油漆	铁构件刷金属油漆	t	0.0003

(2)定额工程量：

工程量 $= 7.9 \times 10^3 \times (0.2 \times 0.03 \times 0.03 - 3.14 \times 0.015^2 \times 0.2)$

$\qquad = 0.31 \text{kg} = 0.31 \times 10^{-3} \text{t}$（套用消耗量定额 5-188）

【例 5-55】 求如图 5-70、图 5-71 所示铁管刷金属油漆的工程量。

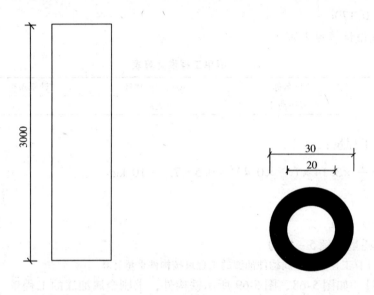

图 5-70　铁构件立面图　　图 5-71　构件平面图

【解】（1）清单工程量：

工程量 $= 7.9 \times 10^3 \text{kg/m}^3 \times 3.14 \times (0.015^2 - 0.01^2) \times 3\text{m}^3$

$\qquad = 9.3 \text{kg}$

$\qquad = 9.3 \times 10^{-3} \text{t}$

$\qquad = 0.009 \text{t}$

清单工程量计算见下表：

清单工程量计算表

项目编码	项目名称	项目特征描述	计量单位	工程量
020505001001	金属面油漆	铁管刷金属油漆	t	0.009

(2)定额工程量：

工程量 $= 7.9 \times 10^3 \text{kg/m}^3 \times 3.14 \times (0.015^2 - 0.01^2) \times 3\text{m}^3$

$\qquad = 9.3 \text{kg}$

$\qquad = 9.3 \times 10^{-3} \text{t}$（套用消耗量定额 5-190）

项目编码：020504003　项目名称：窗台板、筒子板、盖板、门窗套、踢脚线油漆

【例 5-56】 求如图 5-72、图 5-73 所示窗台板刷色聚氨酯漆二遍的工程量。

【解】（1）清单工程量：

工程量 $= 1.3 \times 0.26 \text{m}^2$

$= 0.34 \mathrm{m}^2$

清单工程量计算见下表：

清单工程量计算表

项目编码	项目名称	项目特征描述	计量单位	工程量
020504003001	窗台板、筒子板、盖板、门窗套、踢脚线油漆	色聚氨酯漆二遍	m²	0.34

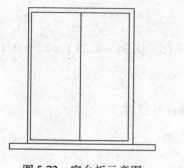

图 5-72 窗台板示意图

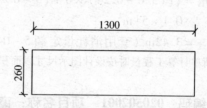

图 5-73 窗台板平面图

（2）定额工程量：

工程量 $= 1.3 \times 0.26 \times 1.00 \mathrm{m}^2$

$= 0.34 \mathrm{m}^2$（套用消耗量定额 5-048）

注：定额计算工程量时按长×宽计算，其系数为 1.00；清单计算工程量时按设计图示尺寸以面积计算。

【例 5-57】 如图 5-74 所示，计算木踢脚板刷聚氨酯漆三遍工程量。已知踢脚板高 100mm，窗台高 130mm。

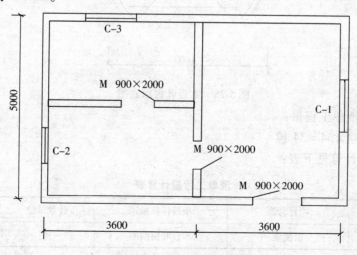

图 5-74 某工程平面图

【解】 （1）清单工程量：

工程量 $= \{[(3.6 - 0.24) \times 6 + (5 - 0.24) \times 2 + (5 - 0.24 - 0.24) \times 2] \times 0.1 - 0.9 \times 0.1 \times 5\} \mathrm{m}^2$

$= 3.42 \text{m}^2$

清单工程量计算见下表：

清单工程量计算表

项目编码	项目名称	项目特征描述	计量单位	工程量
020504003001	窗台板、筒子板、盖板、门窗套、踢脚线油漆	木踢脚板油漆，踢脚板高100mm，聚氨酯漆三遍	m²	3.47

(2)定额工程量：

工程量 = {[(3.6 − 0.24)×6 + (5 − 0.24)×2 + (5 − 0.24 − 0.24)×2]×0.1 − 0.9×0.1×5} m²

$= 3.42 \text{m}^2$（套用消耗量定额 5 − 040）

注：清单计算工程量时按设计图示尺寸以面积计算，单位为 m²。

项目编码：020502001　项目名称：窗油漆

【例5-58】 求如图5-75所示木百叶窗油漆的工程量，共34樘。

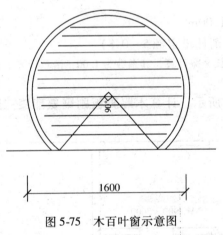

图5-75　木百叶窗示意图

【解】 (1)清单工程量：

工程量 = 1樘×34 = 34樘

清单工程量计算见下表：

清单工程量计算表

项目编码	项目名称	项目特征描述	计量单位	工程量
020502001001	窗油漆	木百叶窗油漆	樘	34

(2)定额工程量：

工程量 = $[3.14 \times 0.8^2 - (\frac{1}{4} \times 3.14 \times 0.8^2 - \frac{1}{2} \times 0.8 \times 0.8)] \times 1.50 \times 34 \text{m}^2$

$= 93.16 \text{m}^2$（套用消耗量定额 5 − 082）

注:清单按樘计算工程量;定额按单面洞口面积计算,其折算系数为1.50。

【例5-59】 如图5-76~图5-78所示平板屋面板厚50mm,银粉漆二遍,求其工程量。

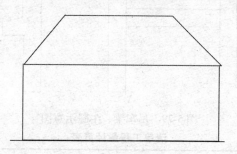

图5-76 平板屋面立面图

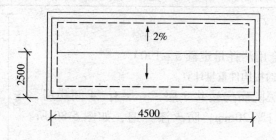

图5-77 平板屋面平面图

【解】 $h = 2.5\text{m} \times 2\% = 0.05\text{m}$

斜边长 $= \sqrt{0.05^2 + 2.5^2}\text{m} = 2.5005\text{m}$

(1)清单工程量:

工程量 $= 2.5005 \times 4.5 \times 2 \times 0.05 \times 7.9 \times 10^3 \text{kg}$

$\quad\quad\ = 8.889\text{t}$

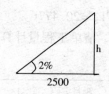

图5-78

清单工程量计算见下表:

清单工程量计算表

项目编码	项目名称	项目特征描述	计量单位	工程量
020505001001	金属平板屋面油漆	银粉漆二遍	t	8.889

(2)定额工程量:

工程量 $= 7.9 \times 2.5005 \times 4.5 \times 2 \times 0.05$

$\quad\quad\ = 8.889\text{t}$(套用消耗量定额5-188)

注:清单计算工程量时按图示以面积计算;定额计算工程量时,按构件重量计算。

【例5-60】 如图5-79所示,已知吊车梁重5t,求其工程量。

【解】 (1)清单工程量:

工程量 $= 5.000\text{t}$

清单工程量计算见下表:

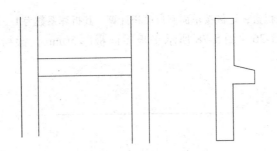

图 5-79 吊车梁、牛腿示意图

清单工程量计算表

项目编码	项目名称	项目特征描述	计量单位	工程量
020505001001	金属面油漆	金属吊车梁油漆	t	5.000

(2)定额工程量：

工程量 = 5.000t（套用消耗量定额 5-190）

注：定额计算工程量时按构件重量计算。

【例 5-61】 某家医院病房楼共 3 层，一层有 24 间病房，全部是射线防护门，门厚 20mm，防火漆二遍，如图 5-80 所示，求其工程量。

【解】 (1)清单工程量：

工程量 = $7.9 \times 10^3 \times 0.9 \times 2 \times 0.02 \times 24 \times 3$ kg = 20.477×10^3 kg = 20.477t

清单工程量计算见下表：

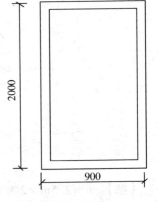

图 5-80 射线防护门

清单工程量计算表

项目编码	项目名称	项目特征描述	计量单位	工程量
020505001001	金属面油漆	防火漆二遍	t	20.477

(2)定额工程量：

定额工程量同清单工程量。（套用消耗量定额 5-189）

注：定额计算射线防护门的工程量时按框外围面积，其折算系数为 2.96。

【例 5-62】 如图 5-81 所示为某厂库房推拉门（门厚 12mm，防火漆二遍），共 2 樘，试求其工程量。

【解】 (1)清单工程量：

工程量 = $7.9 \times 10^3 \times 3 \times 3 \times 0.012 \times 2$ kg = 1.706×10^3 kg = 1.706t

清单工程量计算见下表：

清单工程量计算表

项目编码	项目名称	项目特征描述	计量单位	工程量
020505001001	金属推拉门油漆	防火漆二遍	t	1.706

(2)定额工程量：

定额工程量同清单工程量。(套用消耗量定额 5-189)

注:定额计算工程量时,按构件重量计算。

【例 5-63】 如图 5-82 所示,求钢折叠门门厚 15mm,求刷银粉漆二遍的工程量。已知某三层建筑物,每层有 15 个房间。

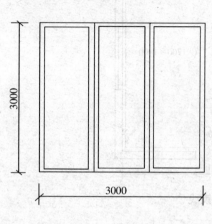

图 5-81 厂房推拉门

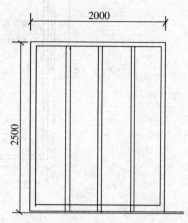

图 5-82 钢折叠门立面图

【解】 (1)清单工程量:

工程量 $= 7.9 \times 10^3 \times 2 \times 2.5 \times 0.015 \times 15 \times 3 \text{kg} = 26.663 \times 10^3 \text{kg} = 26.663 \text{t}$

清单工程量计算见下表:

清单工程量计算表

项目编码	项目名称	项目特征描述	计量单位	工程量
020505001001	钢折叠门油漆	银粉漆二遍	t	26.663

(2)定额工程量:

定额工程量同清单工程量。(套用消耗量定额 5-188)

注:定额计算工程量时,按构件重量计算。

【例 5-64】 如图 5-83、图 5-84 所示的尺寸计算挂镜线、窗帘盒手扫漆三遍的工程量。

【解】 (1)清单工程量:

窗帘盒工程量 $=(1.7+0.1\times2)\times3\text{m}=5.70\text{m}$

挂镜线工程量 $=[(6-0.24)\times2+(5-0.24)\times2-1.00-1.9\times3]\text{m}=14.34\text{m}$

清单工程量计算见下表:

清单工程量计算表

项目编码	项目名称	项目特征描述	计量单位	工程量
020503002001	窗帘盒油漆	木窗帘盒手扫漆三遍	m	5.70
020503005001	挂镜线、窗帘棍、单独木线油漆	挂镜线手扫漆三遍	m	14.34

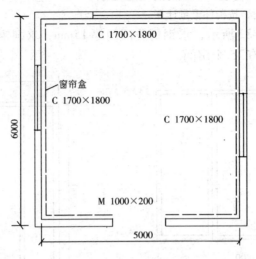

图 5-83 挂镜线

(2) 定额工程量:

窗帘盒工程量 = $(1.7 + 0.1 \times 2) \times 3 \times 2.04 \text{m} = 11.63 \text{m}$

挂镜线工程量 = $[(6 - 0.24) \times 2 + (5 - 0.24) \times 2 - 1.00 - 1.9 \times 3] \times 0.35 \text{m} = 5.02 \text{m}$

(套用消耗量定额 5-115)

注：定额计算窗帘盒工程量时按延长米计算，折算系数为 2.04，挂镜线的折算系数为 0.35。

【例 5-65】 如图 5-85、图 5-86 所示，计算柱面抹木材面油漆的工程量。

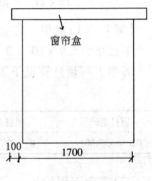

图 5-84 窗帘盒

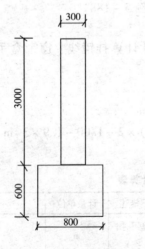

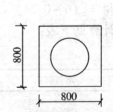

图 5-85 木柱立面图　　图 5-86 柱平面图

【解】 (1) 清单工程量:

工程量 = $(3.14 \times 0.3 \times 3 + 0.6 \times 0.8 \times 4 + 0.8^2 - 3.14 \times 0.15^2) \text{m}^2 = 5.32 \text{m}^2$

清单工程量计算见下表:

清单工程量计算表

项目编码	项目名称	项目特征描述	计量单位	工程量
020504012001	梁柱饰面油漆	柱面抹木材面油漆	m²	5.32

(2)定额工程量:

工程量 = $[3.14 \times 0.3 \times 3 + 0.6 \times 0.8 \times 4 + 0.8^2 - 3.14 \times 0.15^2] \times 1.00 m^2 = 5.32 m^2$
(套用消耗量定额 5 - 158)

项目编码:020504012　　项目名称:梁柱饰面油漆

【例5-66】 如图5-87、图5-88所示,求正六边形木柱刷防腐油漆的工程量。
【解】 (1)清单工程量:
工程量 = $5 \times 0.3 \times 6 m^2 = 9.00 m^2$
清单工程量计算见下表:

清单工程量计算表

项目编码	项目名称	项目特征描述	计量单位	工程量
020504012001	梁柱饰面油漆	正六边形木柱刷防腐油漆	m²	9.00

(2)定额工程量:

工程量 = $5 \times 0.3 \times 6 \times 1.00 m^2 = 9.00 m^2$(套用消耗量定额 5 - 140)

注:清单计算工程量时按设计图示尺寸以油漆部分展开面积计算;定额计算工程量时按展开面积计算,其折算系数为1.00。

图 5-87 六边形柱立面图

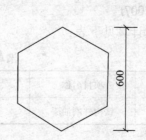
图 5-88 柱平面图

【例5-67】 如图5-89、图5-90所示，计算正三边形柱的工程量。

 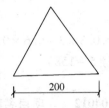

图5-89 正三边柱立面图　　图5-90 正三边柱平面图

【解】（1）清单工程量：

工程量 $= 5 \times 0.2 \times 3 m^2 = 3.00 m^2$

清单工程量计算见下表：

清单工程量计算表

项目编码	项目名称	项目特征描述	计量单位	工程量
020504012001	梁柱饰面油漆	正三边形柱面刷防腐油漆	m²	3.00

（2）定额工程量：

工程量 $= 5 \times 0.2 \times 1.00 \times 3 m^2 = 3.00 m^2$

（套用消耗量定额5-158）

项目编码：020505001　　项目名称：金属面油漆

【例5-68】 如图5-91所示，计算铁构件刷银粉漆二遍的工程量。

【解】（1）清单工程量：

工程量 $= (3.14 \times 0.03^2 \times 0.3 + 3.14 \times 0.01^2 \times 0.3) \times 7.9 \times 10^3 kg$

$\quad\quad\quad = 7.4 kg$

$\quad\quad\quad = 0.007 t$

清单工程量计算见下表：

清单工程量计算表

项目编码	项目名称	项目特征描述	计量单位	工程量
020505001001	铁构件刷油漆	银粉漆二遍	t	0.007

（2）定额工程量：

工程量 $= (3.14 \times 0.03^2 \times 0.3 + 3.14 \times 0.01^2 \times 0.3) \times 7.9 \times 10^3 kg$

$\quad\quad\quad = 7.4 kg$

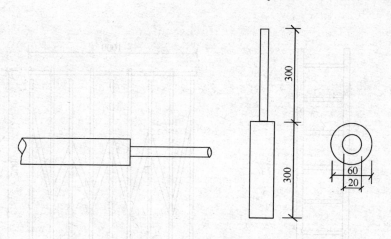

图 5-91 铁构件示意图

=0.007t(套用消耗量定额 5-188)

注:定额计算工程量时,按构件重量计算。

【例 5-69】 计算如图 5-92 所示钢爬梯刷臭油水一遍的工程量。已知该钢爬梯重 20kg。

【解】 (1)清单工程量:

工程量 = 20kg = 0.02t

清单工程量计算见下表:

清单工程量计算表

项目编码	项目名称	项目特征描述	计量单位	工程量
020505001001	金属面油漆	刷臭油水一遍	t	0.020

(2)定额工程量:

工程量 = 0.02t(套用消耗量定额 5-190)

【例 5-70】 已知钢栅栏门重 90kg,如图 5-93 所示,计算其刷防火漆二遍的工程量。

【解】 (1)清单工程量:

工程量 = 90kg = 0.090t

清单工程量计算见下表:

清单工程量计算表

项目编码	项目名称	项目特征描述	计量单位	工程量
020505001001	钢栅栏门油漆	刷防火漆二遍	t	0.090

(2)定额工程量:

工程量 = 0.09t(套用消耗量定额 5-189)

注:清单计算工程量时,钢栅栏门的单位为吨;定额计算工程量时按门的重量计算,单位为 t。

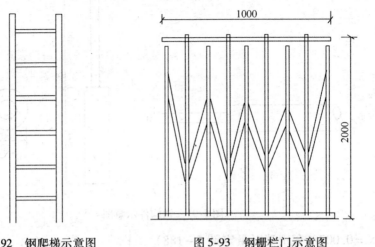

图 5-92 钢爬梯示意图　　图 5-93 钢栅栏门示意图

项目编码：020504006　项目名称：吸音板墙面、顶棚面油漆

【例 5-71】 如图 5-94 所示，房间净高为 3.6m，门高为 2m，墙厚 240mm，墙面为硬木条，吸音墙面，计算其刷调和漆一遍，磁漆三遍的工程量。

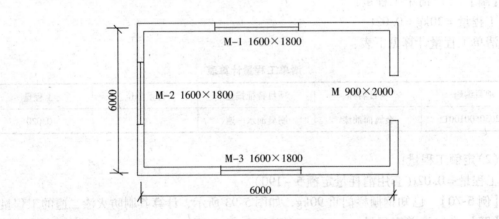

图 5-94 某工程平面图

【解】（1）清单工程量：

工程量 $= [(6+6-0.24\times2)\times2\times3.6-0.9\times2-1.6\times1.8\times3]\text{m}^2 = 72.50\text{m}^2$

清单工程量计算见下表：

清单工程量计算表

项目编码	项目名称	项目特征描述	计量单位	工程量
020504006001	吸音板墙面、顶棚面油漆	吸音墙面油漆	m²	72.50

(2) 定额工程量：

工程量 $= [(6+6-0.24\times2)\times2\times3.6-0.9\times2-1.6\times1.8\times3]\times0.87\text{m}^2 = 63.08\text{m}^2$

（套用消耗量定额 5-016）

注：定额计算工程量时按长×宽，系数为 0.87。

【例5-72】 如图5-95所示,顶棚为吸音板顶棚,刷聚氨酯漆二遍,求其工程量。

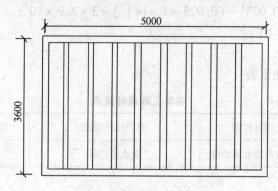

图5-95 吸音板顶棚示意图

【解】（1）清单工程量:
工程量 $= 3.6 \times 5 \text{m}^2 = 18.00 \text{m}^2$
清单工程量计算见下表:

清单工程量计算表

项目编码	项目名称	项目特征描述	计量单位	工程量
020504006001	吸音板顶棚面油漆	聚氨酯漆二遍	m²	18.00

（2）定额工程量:

工程量 $= 3.6 \times 5 \times 0.87 \text{m}^2 = 15.66 \text{m}^2$（套用消耗量定额 5-036）

注:清单计算工程量时按设计图示尺寸以油漆部分展开面积计算;定额计算工程量时按长×宽,折算系数为0.87。

项目编码：020505001　项目名称：金属面油漆

【例5-73】 如图5-96所示的一铁构件,计算其刷防火漆二遍的工程量。

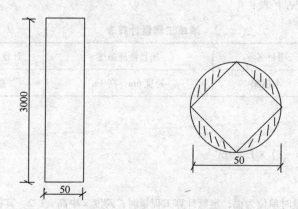

图5-96 某金属构件示意图

【解】 (1)清单工程量：

工程量 $= [3.14 \times 0.025^2 - (0.025 \times 1.414)^2] \times 3 \times 7.9 \times 10^3 \text{kg}$
$= 0.0169 \times 10^3 \text{kg}$
$= 0.017 \text{t}$

清单工程量计算见下表：

清单工程量计算表

项目编码	项目名称	项目特征描述	计量单位	工程量
020505001001	铁构件涂金属油漆	防火漆二遍	t	0.017

(2)定额工程量：

工程量 $= 7.9 \times 10^3 \times [3.14 \times 0.025^2 - (0.025 \times 1.414)^2] \times 3$
$= 0.97$(套用消耗量定额 5-189)

项目编码：010502001　项目名称：木屋架

【例 5-74】 如图 5-97 所示的木屋架，共有 59 榀，计算其工程量。

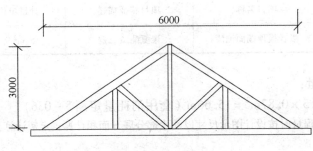

图 5-97　木屋架

【解】 (1)清单工程量：

工程量 $= 1 \times 59$ 榀 $= 59$ 榀

清单工程量计算见下表：

清单工程量计算表

项目编码	项目名称	项目特征描述	计量单位	工程量
010502001001	木屋架	跨度6m，高3m	榀	59

(2)定额工程量：

工程量 $= (6 \times 3 \times \frac{1}{2}) \times 1.79 \text{m}^2$
$= 16.11 \text{m}^2$

注：清单计算工程量时单位为榀；定额计算工程量时，跨度×中高×1/2，其折算系数为1.79。

项目编码：020504008　项目名称：木间壁、木隔断油漆

【例 5-75】　如图 5-98 所示，计算厕所木隔断工程量。

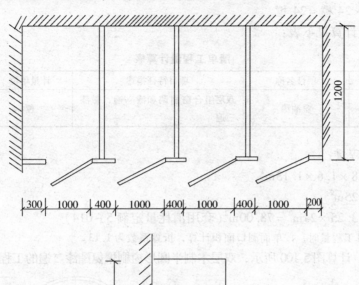

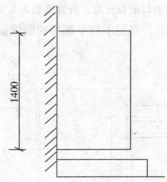

图 5-98　厕所木隔断示意图

【解】　(1)清单工程量：

工程量 = $1.4 \times (0.4 \times 3 + 0.3 + 0.2 + 1.2 \times 3) + 1.4 \times 4 \times 1 m^2$

= $13.02 m^2$

清单工程量计算见下表：

清单工程量计算表

项目编码	项目名称	项目特征描述	计量单位	工程量
020504008001	木间壁、木隔断油漆	厕所木隔断油漆	m^2	13.02

(2)定额工程量：

工程量 = $[1.4 \times (0.4 \times 3 + 0.3 + 0.2 + 1.2 \times 3) + 1.4 \times 1 \times 4] \times 1.90 m^2$

= $24.74 m^2$（套用消耗量定额 5 - 158）

注：清单计算木隔断工程量时，按设计图示以单面外围面积计算，单位为 m^2；定额计算工程量时，按单面外围面积，其折算系数取为 1.90。

项目编码：020502001　项目名称：窗油漆

【例 5-76】　如图 5-99 所示，设计要求给双层组合窗刷调和漆一遍，磁漆三遍，计算油漆工程量。共有 24 樘。

【解】（1）清单工程量：

工程量 = 1 × 24 樘 = 24 樘

清单工程量计算见下表：

清单工程量计算表

项目编码	项目名称	项目特征描述	计量单位	工程量
020502001001	窗油漆	双层组合窗刷调和漆一遍，磁漆三遍	樘	24

（2）定额工程量：

工程量 = $1.8 × 1.6 × 1.13 m^2$

$= 3.25 m^2$

总工程量 = $3.25 × 24 m^2 = 78.00 m^2$（套用消耗量定额 5 − 014）

注：定额计算工程量时，按单面洞口面积计算，折算系数为 1.13。

【例 5-77】 计算图 5-100 所示，双层木制半圆形窗刷聚氨酯漆二遍的工程量，共 19 樘。

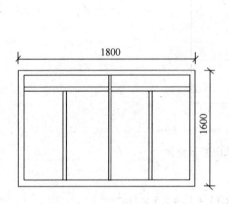

图 5-99 双层组合窗示意图

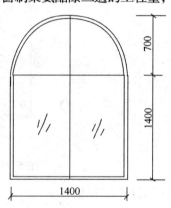

图 5-100 双层木制半圆形窗

【解】（1）清单工程量：

工程量 = 19 樘

清单工程量计算见下表：

清单工程量计算表

项目编码	项目名称	项目特征描述	计量单位	工程量
020502001001	窗油漆	双层木制半圆形窗刷聚氨酯漆二遍	樘	19

（2）定额工程量：

工程量 = $(1.4 × 1.4 + 3.14 × 0.7^2 × 0.5) × 1.36 m^2$

$= 3.71 m^2$

总工程量 = $3.71 × 19 m^2 = 70.49 m^2$（套用消耗量定额 5 − 034）

注：定额计算工程量时，按单面洞口面积计算，其折算系数为 1.36。

项目编码：020504002　　项目名称：木护墙、木墙裙油漆

【例5-78】　如图5-101所示内墙，木墙裙高为1500mm，刷色聚氨酯漆二遍，计算其工程量，已知窗高1200mm，窗洞侧油漆宽为100mm。

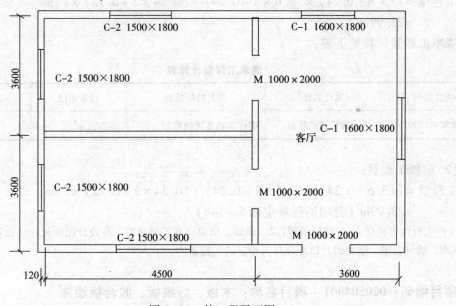

图5-101　某工程平面图

【解】（1）清单工程量：

工程量 = {[(3.6×2-0.24×2)×2+(3.6×2-0.24)×2+(4.5-0.12×2)×4+(3.6-0.24)×2-1×5]×1.5-(1.5-1.2)×1.5×4-(1.5-1.2)×1.6×2+(1.5-1.2)×0.1×2×6}m^2

　　　= (46.12×1.5-1.8-0.96+0.36)m^2

　　　= 66.78m^2

清单工程量计算见下表：

清单工程量计算表

项目编码	项目名称	项目特征描述	计量单位	工程量
020504002001	木护墙、木墙裙油漆	木墙裙高1.5m，刷色聚氨酯漆二遍	m^2	66.78

（2）定额工程量：

工程量 = {[(3.6×2-0.24×2)×2+(3.6×2-0.24)×2+(4.5-0.24)×4+(3.6-0.24)×2-1×5]×1.5-(1.5-1.2)×1.5×4-(1.5-1.2)×1.6×2+(1.5-1.2)×0.1×2×6}×1.00m^2

　　　= (46.12×1.5-1.8-0.96+0.36)×1.00m^2

　　　= 66.78×1.00m^2

　　　= 66.78m^2（套用消耗量定额5-048）

注：清单计算工程量时，按设计图示尺寸以面积计算，计量单位为m^2；定额计算工程量时，按长×宽，其系数取为1.00。

项目编码：020504015   项目名称：木地板烫硬蜡面

【例 5-79】 如图 5-101 所示，若在客厅里铺木地板，求烫硬蜡面工程量。

【解】 (1)清单工程量：

工程量 = $[(3.6-0.24) \times (3.6 \times 2 - 0.24) + (0.24 \times 2 + 0.12) \times 1] m^2$
       = $23.99 m^2$

清单工程量计算见下表：

清单工程量计算表

项目编码	项目名称	项目特征描述	计量单位	工程量
020504015001	木地板烫硬蜡面	客厅木地板烫硬蜡面	m²	23.99

(2)定额工程量：

工程量 = $[(3.6-0.24) \times (3.6 \times 2 - 0.24) + (0.24 \times 2 + 0.12) \times 1] m^2$
       = $23.99 m^2$(套用消耗量定额 5-148)

注：工程内容包括：1. 基层清理；2. 烫蜡。清单计算工程量时，按设计图示尺寸以面积计算。空洞、空圈、暖气包槽、壁龛的开口部分并入相应的工程量内。

项目编码：020504001   项目名称：木板、纤维板、胶合板油漆

【例 5-80】 如图 5-102 所示为胶合板顶棚刷防火涂料二遍，求其工程量。

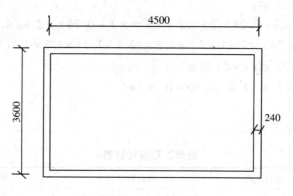

图 5-102 胶合板顶棚

【解】 (1)清单工程量：

工程量 = $(3.6-0.24) \times (4.5-0.24) m^2$
       = $14.31 m^2$

清单工程量计算见下表：

清单工程量计算表

项目编码	项目名称	项目特征描述	计量单位	工程量
020504001001	胶合板顶棚油漆	刷防火涂料二遍	m²	14.31

(2)定额工程量:
工程量 = (3.6 - 0.24) × (4.5 - 0.24) × 1.00m²
= 14.31m²(套用消耗量定额 5 - 158)

注:清单计算工程量时,按设计图示尺寸以面积计算,单位 m²。

项目编码:020501001　项目名称:门油漆

【例 5-81】 如图 5-103 所示,计算单层全玻门刷防火涂料二遍的工程量。

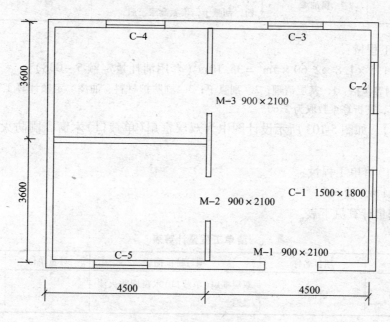

图 5-103　某工程平面图

【解】 (1)清单工程量:
工程量 = 1 × 3 樘 = 3 樘
清单工程量计算见下表:

清单工程量计算表

项目编码	项目名称	项目特征描述	计量单位	工程量
020501001001	门油漆	单层全玻门刷防火涂料二遍	樘	3

(2)定额工程量:
工程量 = 0.9 × 2.1 × 0.83 × 3m²
= 4.71m²(套用消耗量定额 5 - 155)

注:定额法计算单层全玻门的工程量,按单面洞口面积计算,其折算系数取为 0.83,清单法计算时,按设计图示数量计算,计算单位为樘。

项目编码:020502001　项目名称:窗油漆

【例 5-82】 如图 5-103 所示图中窗为双层框三层(二玻一纱)木窗,计算木窗润油粉、刮腻子、聚氨酯漆三遍的工程量。

【解】（1）清单工程量：

工程量 = 1×5 樘 = 5 樘

清单工程量计算见下表：

清单工程量计算表

项目编码	项目名称	项目特征描述	计量单位	工程量
020502001001	窗油漆	双层框三层（一玻一纱）木窗润油粉，刮腻子，聚氨酯漆三遍	樘	5

(2) 定额工程量：

工程量 = $1.5 \times 1.8 \times 2.60 \times 5 m^2 = 35.10 m^2$（套用消耗量定额5-038）

注：工程内容包括：1. 基层清理；2. 刮腻子；3. 刷防护材料、油漆。定额计算工程量时，按单面洞口面积计算，其折算系数取为2.60。

【例5-83】 如图5-103所示设计图中为双层框扇（单裁口）木窗，刷防火漆二遍，计算其工程量。

【解】（1）清单工程量：

工程量 = 1×5 樘 = 5 樘

清单工程量计算见下表：

清单工程量计算表

项目编码	项目名称	项目特征描述	计量单位	工程量
020502001001	窗油漆	双层框扇（单裁口）木窗刷防火漆二遍	樘	5

(2) 定额工程量：

工程量 = $1.5 \times 1.8 \times 2.00 \times 5 m^2$
     = $27.0 m^2$（套用消耗量定额5-156）

注：定额计算工程量时，双层框扇（单裁口）木窗的折算系数为2.00。

【例5-84】 如图5-103所示双层组合窗，刷防火油漆二遍，计算其工程量。

【解】（1）清单工程量：

工程量 = 1×5 樘 = 5 樘

清单工程量计算见下表：

清单工程量计算表

项目编码	项目名称	项目特征描述	计量单位	工程量
020502001001	窗油漆	双层组合窗刷防火油漆二遍	樘	5

(2) 定额工程量：

工程量 = $1.5 \times 1.8 \times 1.13 \times 5 m^2$
     = $15.26 m^2$（套用消耗量定额5-156）

注：定额计算工程量时，其折算系数为1.13。

项目编码：020504001　项目名称：木板、纤维板、胶合板油漆

【例5-85】 计算图5-104黑板刷调和漆一遍，磁漆三遍的工程量。

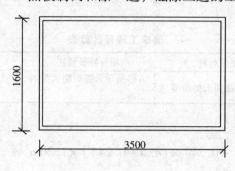

图5-104　黑板

【解】 （1）清单工程量：

工程量 $= 1.6 \times 3.5 \mathrm{m}^2$

　　　$= 5.60 \mathrm{m}^2$

清单工程量计算见下表：

清单工程量计算表

项目编码	项目名称	项目特征描述	计量单位	工程量
020504001001	黑板刷防腐油漆	调和漆一遍，磁漆三遍	m²	5.60

（2）定额工程量：

工程量 $= 1.6 \times 3.5 \times 1.00 \mathrm{m}^2$

　　　$= 5.60 \mathrm{m}^2$（套用消耗量定额5-016）

注：清单计算工程量时，按设计图示尺寸以面积计算，单位m²；定额计算工程量按长×宽计算，其折算系数为1.00。

项目编码：020504005　项目名称：木方格吊顶顶棚油漆

【例5-86】 如图5-105所示，计算方格吊顶顶棚刷防火涂料二遍的工程量。

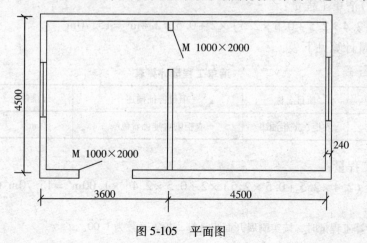

图5-105　平面图

【解】 (1)清单工程量:

工程量 $=(3.6+4.5-0.24)\times(4.5-0.24)\mathrm{m}^2=33.48\mathrm{m}^2$

清单工程量计算见下表:

清单工程量计算表

项目编码	项目名称	项目特征描述	计量单位	工程量
020504005001	木方格吊顶天棚油漆	方格吊顶天棚刷防火涂料二遍	m²	33.48

(2)定额工程量:

$$\text{工程量}=[(3.6+4.5-0.24)\times(4.5-0.24)]\times1.20\mathrm{m}^2$$
$$=33.4836\times1.20\mathrm{m}^2$$
$$=40.18\mathrm{m}^2(\text{套用消耗量定额}5-158)$$

注:顶棚装饰面积,按主墙间实铺面积以平方米计算,不扣除间壁墙、检查口、附墙烟囱、附墙垛和管道所占面积,应扣除独立柱及与顶棚相连的窗帘盒所占的面积。

项目编码:020504011　　**项目名称:衣柜、壁柜油漆**

【例5-87】 如图5-106所示,计算衣柜刷咖啡色着色漆的工程量。

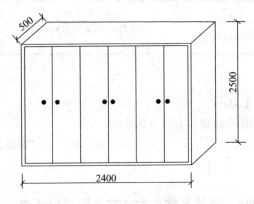

图5-106　衣柜示意图

【解】 (1)清单工程量:

工程量 $=(2.4\times2.5+0.5\times2.5)\times2+0.5\times2.4\mathrm{m}^2=15.70\mathrm{m}^2$

清单工程量计算见下表:

清单工程量计算表

项目编码	项目名称	项目特征描述	计量单位	工程量
020504011001	衣柜、壁柜油漆	衣柜刷咖啡色着色漆	m²	15.70

(2)定额工程量:

工程量 $=[(2.4\times2.5+0.5\times2.5)\times2+0.5\times2.4]\times1.00\mathrm{m}^2=15.70\mathrm{m}^2$(套用消耗量定额5-124)

注:定额计算工程量时,按实刷展开面积计算,折算系数为1.00。

【例5-88】 试计算如图5-107所示房间内墙裙抹灰面乳胶三遍漆(基层清理、刮腻子、刷防护材料油漆)的工程量,已知墙裙高1.8m,窗台高1.5m,窗洞侧油漆宽100mm。

【解】 (1)清单工程量:

墙裙油漆的工程量 = 长×高 - Σ应扣除面积 + Σ应增加面积

= {[(5.74 - 0.24×2)×2 + (3.54 - 0.24×2)×2]×1.8 - [1.8×(1.8 - 1.5) + 1.0×1.8] + (1.8 - 1.5)×0.1×2} m²

= 27.67 m²

清单工程量计算见下表:

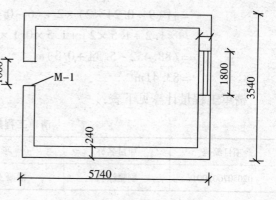

图5-107 内墙裙抹灰面油漆

清单工程量计算表

项目编码	项目名称	项目特征描述	计量单位	工程量
020506001001	抹灰面油漆	房间内墙裙抹灰面乳胶三遍漆(基层清理、刮腻子、刷防护材料油漆)	m²	27.67

(2)定额工程量:

定额工程量同上。(套用消耗量定额5-196)

【例5-89】 试计算如图5-108所示,房间墙面刷喷涂料的工程量墙面为混凝土墙,彩砂喷涂,已知窗高1.5m,层高3.3m 窗洞侧涂料宽100mm,门高2.1m,地面上有150mm高的瓷砖贴面。

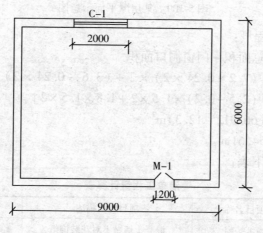

图5-108 某房间墙面示意图

【解】 (1)清单工程量:

墙面涂料 = 长×高 - Σ应扣除面积 + Σ应增加面积

$$= \{[(9-0.24\times2)\times2+(6-0.24\times2)\times2]\times(3.3-0.15)-[(2.1-0.15)$$
$$\times1.2+1.5\times2]+1.5\times0.1\times2\}m^2$$
$$=(88.452-5.34+0.3)m^2$$
$$=83.41m^2$$

清单工程量计算见下表：

清单工程量计算表

项目编码	项目名称	项目特征描述	计量单位	工程量
020507001001	刷喷涂料	混凝土墙用彩砂喷漆	m^2	83.41

(2)定额工程量：

定额工程量同上。(套用消耗量定额 5-249)

【例 5-90】 试计算如图 5-109 所示混凝土墙贴不对花装饰纸的工程量，门高 2.5m，窗高 1.5m，层高 3.6m，地面以上有 200mm 的瓷砖贴面。

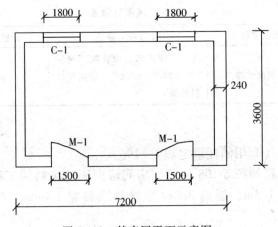

图 5-109 某房屋平面示意图

【解】 (1)清单工程量：

墙纸裱糊工程量 = 总面积 - 门窗洞口面积
$$=[(7.2-0.24\times2)\times2+(3.6-0.24\times2)\times2]\times(3.6-0.2)-$$
$$[(2.5-0.2)\times1.5\times2+1.8\times1.5\times2]$$
$$=(66.912-12.3)m^2$$
$$=54.61m^2$$

清单工程量计算见下表：

清单工程量计算表

项目编码	项目名称	项目特征描述	计量单位	工程量
020509001001	墙纸裱糊	混凝土墙贴不对花装饰纸	m^2	54.61

(2)定额工程量：

定额工程量同上。(套用消耗量定额 5-287)

注：灰面的油漆、涂料，应注意基层的类型，如：一般抹灰墙柱面与拉条灰、拉毛灰、甩毛灰等油漆、涂料的耗工量与材料消耗量不同。

【例5-91】 试计算如图5-110所示6个单层钢门刷防火漆二遍的工程量。

【解】（1）清单工程量：

按设计图示尺寸以质量计算，单层钢门刷防火漆二遍的工程量。

$6 \times 1.0 \times 2.0 \times 0.03 \times 7.85t = 2.826t$

清单工程量计算见下表：

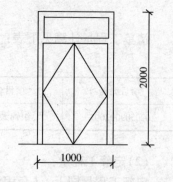

图5-110 钢门示意图门厚30mm

清单工程量计算表

项目编码	项目名称	项目特征描述	计量单位	工程量
020505001001	金属面油漆	单层钢门刷防火漆二遍	t	2.826

（2）定额工程量：

定额计算金属构件油漆的工程量按构件重量计算，6个单层钢门刷防火漆二遍的工程量。

$(6 \times 1.0 \times 2.0 \times 0.03 \times 7.85)t = 2.826t$（套用消耗量定额5-189）

【例5-92】 如图5-111所示平面图，试计算其墙面裱糊织锦缎的工程量。

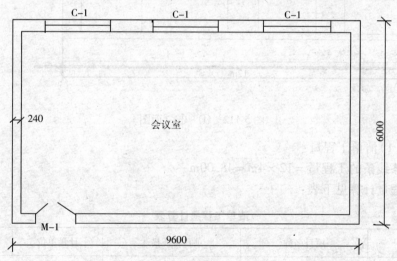

图5-111 会议室平面图

注：单位 mm

1. 窗户尺寸高×宽 = 1500×2000　2. 门尺寸宽×高 = 1000×2000
3. 房间水泥踢脚高 = 150mm　4. 房间顶棚高度 = 3000mm

【解】（1）清单工程量：

墙面裱糊织锦缎工程量 = $\{[(9.6 - 0.24 \times 2) \times 2 + (6.0 - 0.24 \times 2) \times 2] \times (3.0 - 0.15) - 1.5 \times 2 \times 3 - (1 - 0.15) \times 2\}m^2$

$= (83.45 - 9 - 1.7)m^2$

$$= 72.75 \mathrm{m}^2$$

清单工程量计算见下表:

清单工程量计算表

项目编码	项目名称	项目特征描述	计量单位	工程量
020509002001	织锦缎裱糊	墙面裱糊织绵缎面	m²	72.75

(2)定额工程量:

定额工程量同上。(套用消耗量定额 5-289)

【例 5-93】 如图 5-112 所示二层小楼,试求其抹乳胶漆线条的工程量。

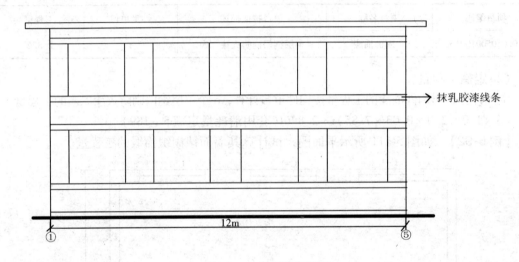

图 5-112 ①~⑤立面图

【解】 (1)清单工程量:

抹乳胶漆线条的工程量 = 12×4m = 48.00m

清单工程量计算见下表:

清单工程量计算表

项目编码	项目名称	项目特征描述	计量单位	工程量
020506002001	抹灰线条油漆	楼房抹乳胶漆线条	m	48.00

(2)定额工程量同上。(套用消耗量定额 5-203)

注:定额计算中要注意抹灰线条油漆的长度区段,不同的长度区在查定额时,所对应的子目不同。

项目编码:020505001   项目名称:金属面油漆

【例 5-94】 试计算如图 5-113 所示钢窗刷沥青漆三遍的工程量。

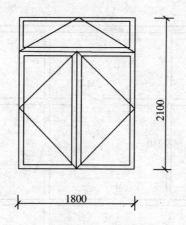

图 5-113 钢窗示意图钢窗厚 40mm

【解】（1）清单工程量：
按设计尺寸以质量计算
钢窗刷沥青漆三遍的工程量 = 1.8 × 2.1 × 0.04 × 7.85
= 1.190t

清单工程量计算见下表：

清单工程量计算表

项目编码	项目名称	项目特征描述	计量单位	工程量
020505001001	金属面油漆	钢窗刷沥青漆三遍	t	1.190

（2）定额工程量：
金属构件油漆的工程量按构件重量计算
钢窗刷沥青漆三遍的工程量
= 1.8 × 2.1 × 0.04 × 7.85
= 1.190t
（套用消耗量定额 5 - 186）

项目编码：020506001　项目名称：抹灰面油漆

【例 5-95】 如图 5-114 所示，某办公楼平面图，室内抹灰面刷乳胶漆二遍，考虑吊顶，乳胶漆涂刷高度按 2.8m 计算，试求其抹灰面乳胶漆工程量。

【解】（1）清单工程量：
按图示尺寸以面积计算
1）门窗工程量
C - 1：2.0 × 1.8 × 6m^2
= 21.60m^2
C - 2：1.5 × 1.2 × 2m^2 = 3.60m^2
M - 1：2.0 × 2.4m^2 = 4.80m^2

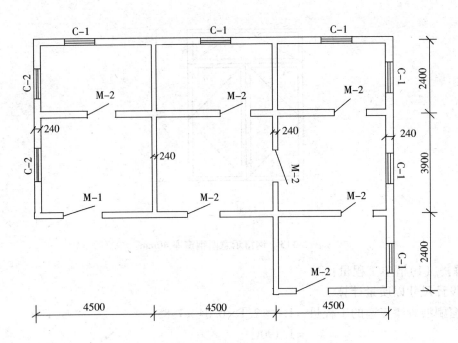

图 5-114 某办公楼平面图

注：C-1：2000mm×1800mm；C-2：1500mm×1200mm；
M-1：2000mm×2400mm；M-2：1000mm×2100mm

M-2：$1.0 \times 2.1 \times 7 m^2$
$= 14.70 m^2$

2）乳胶漆抹灰面工程量

室内周长：$L_{内} = \{[(4.5-0.24)+(2.4-0.24)] \times 2 \times 4 + [(4.5-0.24)+(3.9-0.24)] \times 2 \times 3\} m$

$= (6.42 \times 8 + 7.92 \times 6) m$

$= (51.36 + 47.52) m$

$= 98.88 m$

乳胶漆抹灰面工程量：

$(98.88 \times 2.8 - 21.6 - 3.6 - 4.8 - 14.7) - 5 \times 1.0 \times 2.1 m^2$

$= 232.164 - 10.5 m^2 = 221.66 m^2$

清单工程量计算见下表：

清单工程量计算表

项目编码	项目名称	项目特征描述	计量单位	工程量
020506001001	抹灰面油漆	抹灰面刷乳胶漆二遍	m²	221.66

(2) 定额工程量：

定额工程量同上。（套用消耗量定额 5-195）

【例 5-96】 如图 5-115 所示是某旅馆套间平面图，试求室内抹灰面刷乳胶漆三遍的工程量，房间顶棚高度 3.0m。

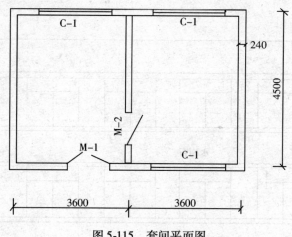

图 5-115 套间平面图
注：M-1：1.8×2.4 C-1：2.0×1.8
M-2：1.0×2.1

【解】 (1)清单工程量：
1)门窗工程量
M-1：$1.8×2.4m^2 = 4.32m^2$
M-2：$1.0×2.1m^2 = 2.10m^2$
C-1：$2.0×1.8×3m^2 = 10.80m^2$
2)抹灰面乳胶漆工程量
$[(3.6-0.24)+(4.5-0.24)]×2×2×3.0m^2$
$= 7.62×12m^2$
$= 91.44m^2$
3)抹灰面乳胶漆三遍工程量
$(91.44-4.32-2.10-10.80)-2.10m^2$
$= 74.22-2.10m^2 = 72.12m^2$
清单工程量计算见下表：

清单工程量计算表

项目编码	项目名称	项目特征描述	计量单位	工程量
020506001001	抹灰面油漆	室内抹灰面刷乳胶漆三遍	m²	72.12

(2)定额工程量：
定额工程量同上。(套用消耗量定额5-196)

项目编码：020506002　项目名称：抹灰线条油漆

【例5-97】 如图5-116所示某建筑物立面图，试求其刷乳胶漆线条的工程量，乳胶漆线条宽100mm。

【解】 (1)清单工程量：

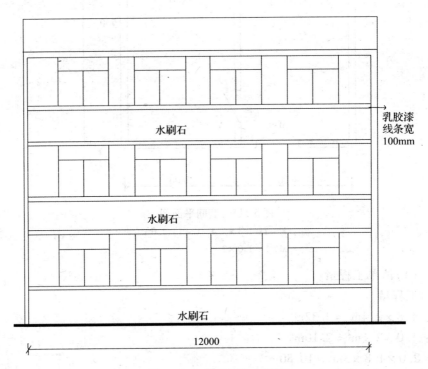

图 5-116 某建筑物立面图

按设计图示尺寸以长度计算
抹灰线条刷乳胶漆的工程量：
L = 12 × 5m = 60.00m
清单工程量计算见下表：

清单工程量计算表

项目编码	项目名称	项目特征描述	计量单位	工程量
020506002001	抹灰线条油漆	建筑物刷乳胶漆线条，线条宽100mm	m	60.00

(2)定额工程量：
定额工程量同上。（套用消耗量定额 5 - 203）
若线条宽为 150mm，则
1)清单工程量：
L = 12 × 5m = 60.00m
2)定额工程量：
定额工程量同上。（套用消耗量定额 5 - 204）
说明：见下表。

抹灰面油漆、涂料、裱糊

项目名称	系数	工程量计算方法
混凝土楼梯底（板式）	1.15	水平投影面积
混凝土楼梯底（梁式）	1.00	展开面积
混凝土花格窗、栏杆花饰	1.82	单面外围面积
楼地面、天棚、墙、柱梁面	1.00	展开面积

注：1. 灰面的油漆、涂料，应注意基层的类型，如：一般抹灰墙柱面与拉条灰、拉毛灰、甩毛灰等油漆，涂料的耗工量与材料消耗量不同。
2. 墙纸和织锦缎的裱糊，应注意要求对花还是不对花。

项目编码：020507001 项目名称：刷喷涂料

【例 5-98】 如图 5-117 所示，试计算室外墙面喷银光涂料的工程量。

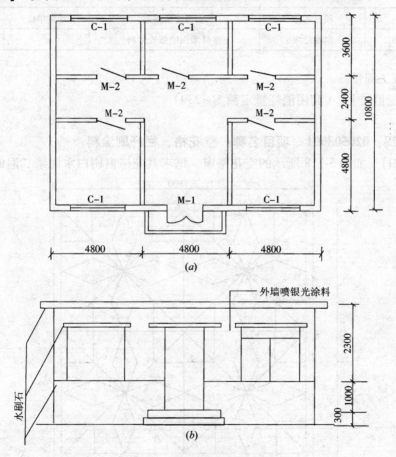

图 5-117 某建筑物平、立面图
(a)平面图；(b)立面图
注：M-1：1500×2400
M-2：1000×2100
M-1：1800×1500

【解】 (1)清单工程量:

按设计图示尺寸以面积计算

1)门窗工程量

M-1: $1.5 \times (2.4 - 1.0) m^2 = 2.10 m^2$

M-2: $1.0 \times 2.1 \times 5 m^2 = 10.50 m^2$

C-1: $1.8 \times 1.5 \times 5 m^2 = 13.50 m^2$

2)外墙喷银光涂料工程量

$[(4.8 \times 3 + 10.8) \times 2 \times 2.3 - 2.10 - 13.50] m^2$

$= (115.92 - 15.6) m^2$

$= 100.32 m^2$

清单工程量计算见下表:

清单工程量计算表

项目编码	项目名称	项目特征描述	计量单位	工程量
020507001001	刷喷油漆	室外墙面喷银光涂料	m²	100.32

(2)定额工程量:

定额工程量同上。(套用消耗量定额 5-239)

项目编码:020508001　项目名称:空花格、栏杆刷涂料

【例5-99】 如图 5-118 所示的空花格窗,试求其花格窗刷白水泥浆二遍的工程量。

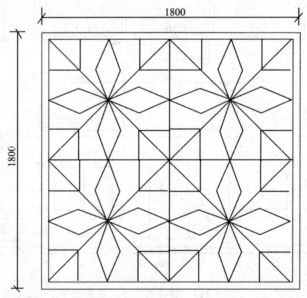

图 5-118 空花格窗

【解】 (1)清单工程量:

按设计图示尺寸以单面外围面积计算

空花格窗刷涂料工程量

$S = 1.8 \times 1.8 m^2 = 3.24 m^2$

清单工程量计算见下表：

清单工程量计算表

项目编码	项目名称	项目特征描述	计量单位	工程量
020508001001	空花格、栏杆刷涂料	空花格窗刷涂料	m²	3.24

(2)定额工程量：
定额计算用单面外围面积乘以花格窗系数 1.82 花格窗刷涂料工程量
$S = 1.8 \times 1.8 \times 1.82 m^2 = 5.90 m^2$（套用消耗量定额 5-262）

项目编码：020508002　　项目名称：线条刷涂料

【例 5-100】 如图 5-119 所示教学楼立面图，试求其正立面外墙线条刷多彩花纹涂料的工程量。

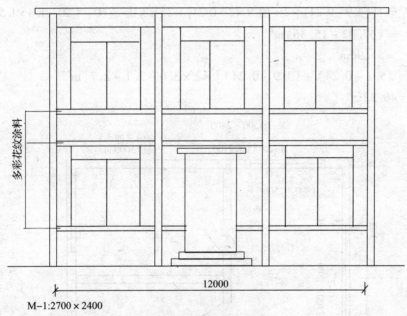

图 5-119　教学楼立面图

【解】 (1)清单工程量：
按图示设计尺寸以长度计算
线条刷多彩花纹涂料工程量
$L = [(12 - 2.7) + 12 \times 2] m$
$= (9.3 + 24) m = 33.30 m$

清单工程量计算见下表：

清单工程量计算表

项目编码	项目名称	项目特征描述	计量单位	工程量
020508002001	线条刷涂料	教学楼外墙线条刷多彩花纹涂料	m	33.30

(2)定额计算无

项目编码：020509001　　项目名称：墙纸裱糊

【例5-101】　如图5-120所示，已知其墙面贴对花装饰纸，试计算该旅馆豪华间客房贴对花装饰纸的工程量。

【解】　(1)清单工程量：
按设计图示尺寸以面积计算
1)门窗工程量
M-1：$1.5 \times 2.4 m^2 = 3.60 m^2$
M-2：$1.0 \times 2.1 \times 2 m^2 = 4.20 m^2$
C-1：$1.8 \times 1.5 \times 3 m^2 = 8.10 m^2$
C-2：$2.7 \times 1.8 m^2 = 4.86 m^2$
2)墙面裱糊装饰纸的工程量
客厅：$S_1 = \{[(3.9-0.24) \times 2 + (3.9 \times 2 - 0.24) \times 2] \times 3.0 - 3.60 - 4.20 - 1.8 \times 1.5 - 4.86\} m^2$
　　　$= (67.32 - 15.36) m^2$
　　　$= 51.96 m^2$
卧室：$\{[(5.1-0.24) + (3.9-0.24)] \times 2 \times 3.0 - 2.1 - 2.7\} m^2$
　　　$= 46.32 m^2$

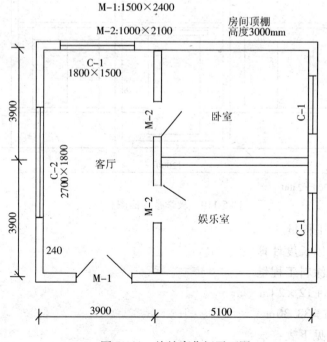

图5-120　旅馆豪华间平面图

娱乐室工程量 = 卧室工程量 = $46.32 m^2$
3)墙面裱糊工程量
$(51.96 + 46.32 \times 2) m^2$

$= 144.60\text{m}^2$

清单工程量计算见下表：

清单工程量计算表

项目编码	项目名称	项目特征描述	计量单位	工程量
020509001001	墙纸裱糊	墙面贴对花装饰纸	m²	144.60

(2) 定额工程量：

定额工程量同上。（套用消耗量定额5-288）

项目编码：020509002　项目名称：织锦缎裱糊

【例5-102】　如图5-121所示某组合办公室平面图，该办公室设计为室内墙面贴织锦缎吊平顶标高3.3m，木墙裙高度0.9m，窗台高度设计为1.2m，计算织锦缎工程量。

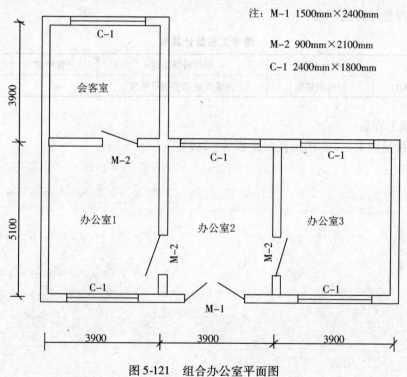

图5-121　组合办公室平面图

【解】　(1) 清单工程量：

按设计图示尺寸以面积计算

1) 织锦缎工程量

办公室1：$\{[(3.9-0.24)+(5.1-0.24)]\times 2\times(3.3-0.9)-2.4\times1.8-0.9\times(2.1-0.9)\times 2\}\text{m}^2$

$= (40.896-6.48)\text{m}^2$

$= 34.42\text{m}^2$

办公室2：$\{[(3.9-0.24)+(5.1-0.24)]\times 2\times(3.3-0.9)-1.5\times(2.4-0.9)-0.9\times(2.1-0.9)\times 2-2.4\times 1.8\}\text{m}^2$

$$= (40.896 - 8.73)\text{m}^2$$
$$= 32.17\text{m}^2$$

办公室 3：$\{[(3.9-0.24)+(5.1-0.24)] \times 2 \times (3.3-0.9) - 0.9 \times (2.1-0.9) - 2.4 \times 1.8 \times 2\}\text{m}^2$

$$= (40.896 - 9.72)\text{m}^2$$
$$= 31.18\text{m}^2$$

会客室：$\{[(3.9-0.24) \times 4 \times (3.3-0.9) - 0.9 \times (2.1-0.9) - 2.4 \times 1.8\}\text{m}^2$

$$= (35.136 - 5.52)\text{m}^2$$
$$= 29.62\text{m}^2$$

2) 总体织锦缎工程量

$$S = (34.42 + 32.17 + 31.18 + 29.62)\text{m}^2$$
$$= 127.39\text{m}^2$$

清单工程量计算见下表：

清单工程量计算表

项目编码	项目名称	项目特征描述	计量单位	工程量
020509002001	织锦缎裱糊	内墙面贴织锦缎吊平顶	m²	127.39

(2) 定额工程量：

定额工程量同上。（套用消耗量定额 5-289）

第六章 其他工程(B.6)

【例6-1】 如图6-1所示,按设计要求,在胶合板隔墙两侧(胶合板缝处)各钉两根竖向木质压条,假设每根压条高度为2.0m 宽100mm 计算木压条工程量。

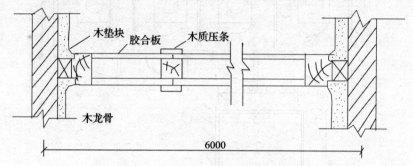

图6-1 胶合板隔墙平面示意图

【解】 (1)清单工程量:
按设计图示尺寸以长度计算
工程量 = $2 \times 2 \times 2m = 8.00m$
清单工程量计算见下表:

清单工程量计算表

项目编码	项目名称	项目特征描述	计量单位	工程量
020604002001	木质装饰线	木质压条	m	8.00

(2)定额工程量:
压条装饰线条均按延长米计算
计算结果与清单计算结果一致。
(套用消耗量定额6-071)

【例6-2】 图6-2为某公共场所厕所示意图,设计要求厕所做木隔断,计算木隔断工程量。

【解】 (1)清单工程量:
浴厕木隔断,按下横档底面至上横档顶面高度乘以图示长度以平方米计算,门扇面积并入隔断面积内计算。
工程量 = $l \times h = (1.2 \times 4 + 1.2 \times 4) \times 1.5 = 14.40m^2$

(2)定额工程量:
隔断按墙的净长乘净高计算,扣除门窗洞口及0.3m^2以上的孔洞所占面积。
在此设计中,木隔断上并没有门窗洞口,所以不扣除孔洞面积。
工程量 = $(1.2 \times 4 + 1.2 \times 4) \times 1.5 = 14.40m^2$(套用消耗量定额2-247)

项目编码:020603009 项目名称:镜面玻璃

【例6-3】 如在题6-2中厕所外洗手盆处安装一不带框镜面玻璃,尺寸为1400(宽)mm×1120(高)mm,如图6-3所示,计算镜面玻璃工程量。

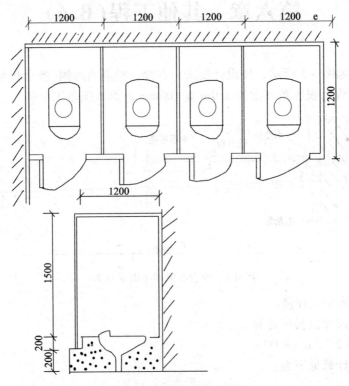

图6-2 厕所木隔断示意图

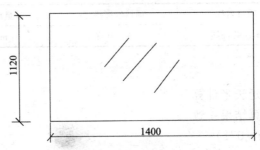

图6-3 镜面玻璃示意图

【解】 (1)清单工程量:
镜面玻璃按设计图示尺寸以边框外围面积计算
工程量 = $1.12 \times 1.4 = 1.57 m^2$
清单工程量计算见下表:

清单工程量计算表

项目编码	项目名称	项目特征描述	计量单位	工程量
020603009001	镜面玻璃	不带框镜面玻璃,尺寸为1400(宽)mm×1120(高)mm	m^2	1.57

(2)定额工程量：
镜面玻璃安装、盥洗室木镜箱以正立面面积计算
工程量 = $1.12 \times 1.4 = 1.57 m^2$（套用消耗量定额6-113）

【例6-4】 某酒店工程有客房20间，设计要求卧室内配置如图6-4所示的胶合板立柜：尺寸如下：1800mm×2400mm×600mm，计算胶合板立柜工程量。

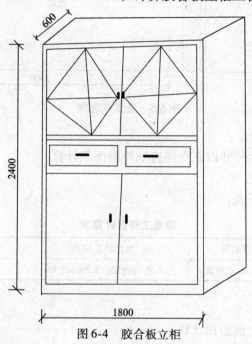

图6-4 胶合板立柜

【解】 （1）清单工程量：
柜类按设计图示数量计算
工程量：20个
清单工程量计算见下表：

清单工程量计算表

项目编码	项目名称	项目特征描述	计量单位	工程量
020601008001	木壁柜	胶合板立柜，尺寸1800mm×2400mm×600mm	个	20

(2)定额工程量：
货架、柜橱类均以正立面的高（包括脚的高度在内）乘以宽以平方米计算
工程量 = $b \times h \times 20 = 1.8 \times 2.4 \times 20$
        $= 86.40 m^2$（套用消耗量定额6-137）

项目编码：020606001　项目名称：平面、箱式招牌
【例6-5】 某户外广告牌，竖式平面，面层材料为不锈钢板，其尺寸如图6-5所示。计算广告牌工程量。

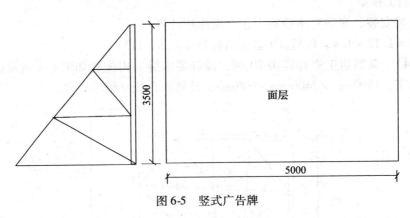

图 6-5 竖式广告牌

【解】 (1)清单工程量：
平面招牌按设计图示尺寸以正立面边框外围面积计算
工程量 = 3.5 × 5 = 17.50m²
清单工程量计算见下表：

清单工程量计算表

项目编码	项目名称	项目特征描述	计量单位	工程量
020606001001	平面、箱式招牌	不锈钢面层，3.5m×5.0m	m²	17.50

(2)定额工程量：
平面招牌基层按正立面面积计算
工程量 = 3.5 × 5 = 17.50m²(套用消耗量定额 6 - 003)
此外，广告牌骨架以吨计算，此题中无相应数据，不用计算。

项目编码：020607004 项目名称：金属字

【例 6-6】 此广告牌(如图 6-6 所示)为一房地产广告，商家要求设置大的美术字，以突出宣传效果，美术字为金属字，字体如图 6-6 所示，计算美术字工程量。

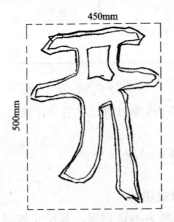
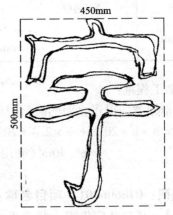

图 6-6 金属字

【解】 (1)清单工程量:

金属字按设计图示数量计算

该题中,金属字为"开宇"数量为2个,所以工程量为2个

清单工程量计算见下表:

清单工程量计算表

项目编码	项目名称	项目特征描述	计量单位	工程量
020607004001	金属字	大的美术字	个	2

(2)定额工程量:

美术字安装按字的最大外围矩形面积以个计算工程量 = 2个

"开"字最大外围矩形面积 = $0.45 \times 0.5 = 0.23 m^2$

"宇"字最大外围矩形面积 = $0.45 \times 0.5 = 0.23 m^2$

(套用消耗量定额 6 – 051)

项目编码:020605002   项目名称:金属旗杆

【例6-7】 某学校旗杆,混凝土 C10 基础为 2500mm × 600mm × 200mm,砖基座为 3000mm × 800mm × 200mm,基座面层贴芝麻白 20mm 厚花岗石板,3根不锈钢管 (OCr18Ni19),每根长为13m,ϕ63.5mm,壁厚1.2mm,计算旗杆工程量。

【解】 (1)清单工程量:

按设计图示数量计算

本设计中,共有3根不锈钢管,所以工程量为3根

清单工程量计算见下表:

清单工程量计算表

项目编码	项目名称	项目特征描述	计量单位	工程量
020605002001	金属旗杆	旗杆为不锈钢管,高 13m,直径为 ϕ3.5mm,壁厚1.2m	根	3

(2)定额工程量:

不锈钢旗杆以延长米计算。

(套用消耗量定额 6 – 205)

工程量 = $13 \times 3 = 39.00m$

项目编码:020604002   项目名称:木质装饰线

【例6-8】 如图 6-7 所示,设计要求做木质装饰线。

【解】 (1)清单工程量:

木质装饰线按设计图示尺寸以长度计算。

其工程量计算如下:

外墙里皮长度 = $[(10 - 0.24) \times 2 + (6 - 0.24) \times 2]m$

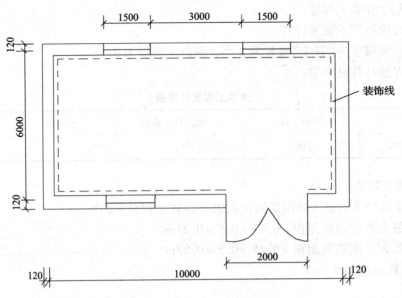

图 6-7 室内木装饰线示意图

$$= (19.52 + 11.52)\text{m}$$
$$= 31.04\text{m}$$

扣除门宽：2m

扣除 3 个窗的窗帘盒长度：$1.5 \times 3 = 4.5\text{m}$

木质装饰线工程量：$(31.04 - 2 - 4.5)\text{m}$
$$= 24.54\text{m}$$

清单工程量计算见下表：

清单工程量计算表

项目编码	项目名称	项目特征描述	计量单位	工程量
020604002001	木质装饰线	木质装饰线	m	24.54

(2) 定额工程量：

装饰线按延长米计算，其计算结果与清单计算规则一样。

(套用消耗量定额 6-067)

项目编码：020606003　项目名称：灯箱

【例 6-9】　某商店外安装一玻璃灯箱，尺寸如图 6-8 所示，计算灯箱工程量。

【解】　(1) 清单工程量：

按设计图示数量计算，所以工程量为 1 个

清单工程量计算见下表：

清单工程量计算表

项目编码	项目名称	项目特征描述	计量单位	工程量
020606003001	灯箱	灯箱尺寸为 400mm×600mm×100mm	个	1

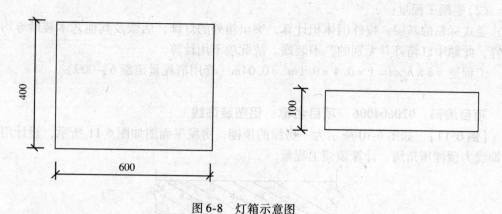

图 6-8 灯箱示意图

(2)定额工程量:

灯箱的面层按展开面积以平方米计算,如图中所示,该灯箱共有 6 个面

工程量 = (0.4×0.6×2 + 0.4×0.1×2 + 0.6×0.1×2)m

= (0.48 + 0.08 + 0.12)m

= 0.68m(套用消耗量定额 6 - 015)

项目编码:020606002　项目名称:竖式标箱

【例 6-10】 某旅店装修工程中,设计要求门外设置一竖式标箱,如图 6-9 所示,箱体规格为:1000mm(高)×400(宽)×100(厚),铁骨架,求此箱体安装的工程量。

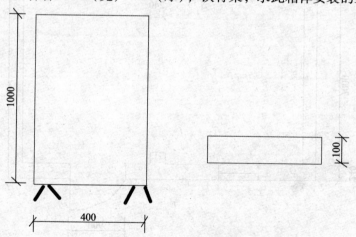

图 6-9 竖式灯箱示意图

【解】 (1)清单工程量:

竖式标箱按设计图示数量计算,因此工程量为 1 个。

清单工程量计算见下表:

清单工程量计算表

项目编码	项目名称	项目特征描述	计量单位	工程量
020606002001	竖式标箱	规格为 1000mm×400mm×100mm 铁骨架	个	1

(2)定额工程量:

竖式标箱的基层,按外围体积计算,突出箱外的灯饰、店徽及其他艺术装潢等均另行计算,此题中灯箱外并无别的艺术装潢,故此项不用计算。

工程量 $= b \times h \times l = 1 \times 0.4 \times 0.1 \mathrm{m}^3 = 0.04 \mathrm{m}^3$(套用消耗量定额 6-009)

项目编码:020604006　项目名称:铝塑装饰线

【例 6-11】 如图 6-10 所示为一房屋的顶棚,房屋平面图如图 6-11 所示,设计用铝塑装饰线为顶棚压角线,计算顶棚工程量。

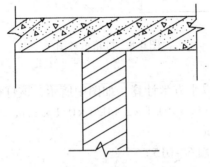

图 6-10　顶棚示意图

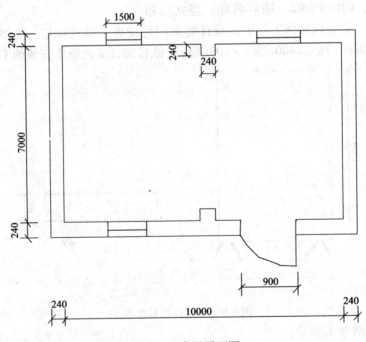

图 6-11　房屋平面图

【解】　(1)清单工程量:

铝塑装饰线按设计图示尺寸以长度计算

其工程量计算如下:

外墙里皮长度:

室内墙面净长度 - 门宽

= [(10 - 0.9) + 0.24 × 2 × 2 + 7 × 2 + 10]m
= (9.1 + 0.96 + 14 + 10)m
= 34.06m

铝塑装饰线的工程量为 34.06m。

清单工程量计算见下表：

清单工程量计算表

项目编码	项目名称	项目特征描述	计量单位	工程量
020604006001	铝塑装饰线	铝塑装饰线为顶棚压角线	m	34.06

(2)定额工程量：

压条、装饰线条均按延长米计算。

计算结果与(1)步一样。套用消耗量定额 6-097

项目编码：020607002   项目名称：有机玻璃字

项目编码：020604001   项目名称：金属装饰线

【例6-12】 如图6-12所示，要求设计一饭店招牌，字为有机玻璃字，红色，尺寸为450mm×500mm，面层为不锈钢，用螺栓固定，为增加艺术效果，要求招牌边框用金属装饰线，角形线，规格为边宽16mm，厚为1mm，长为3m，刷白色油漆一遍，分别计算招牌美术字和金属装饰线的工程量。

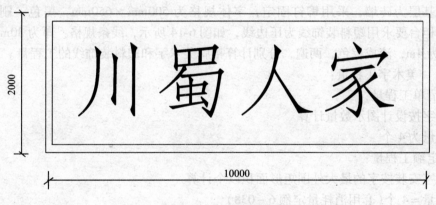

图 6-12 某饭店招牌

【解】 美术字计算：

(1)清单工程量：

有机玻璃字按设计图示数量计算

如图所示工程量为 4 个。

(2)定额工程量：

美术字按装字的最大外围矩形面积以个计算

单厚最大外围矩形面积 = 0.45 × 0.5m² = 0.225m²

工程量 = 4 个(套用消耗量定额 6 - 027)
金属装饰线计算:
(1)清单工程量:
金属装饰线按设计图示尺寸以长度计算
工程量 = (10 + 2) × 2 = 24.00m
(2)定额工程量:
压条、装饰线条均按延长米计算
计算结果与清单计算规则一样。套用消耗量定额 6 - 061
清单工程量计算见下表:

清单工程量计算表

序号	项目编码	项目名称	项目特征描述	计量单位	工程量
1	020607002001	有机玻璃字	有机玻璃字,红色,尺寸为 450mm × 500mm,面层为不锈钢,螺栓固定	个	4
2	020604001001	金属装饰线	金属装饰线做招牌边框,规格为边宽 16mm,厚为 1mm,长 3m,刷白色油漆一遍	m²	24.00

项目编码:020607003   项目名称:木质字

项目编码:020604007   项目名称:塑料装饰线

【例 6-13】 某一风味饭店,为突出古朴特色,招牌字要求为木质字,如图 6-13 所示,招牌基层为砖墙,采用铆钉固定,字体规格为 500mm × 650mm,黑色,刷二遍漆,室内储物柜台要求用塑料装饰线为压边线,如图 6-14 所示,线条规格:厚为 30mm,宽为 50mm 长为 4m,漆成棕色,两遍,分别计算招牌美术字和塑料装饰线的工程量。

【解】 美术字工程量:
(1)清单工程量:
木质字按设计图示数量计算
工程量为 4 个
(2)定额工程量:
美术字安装按字的最大外围矩形面积以个计算
工程量 = 4 个(套用消耗量定额 6 - 038)
塑料装饰线工程量:
(1)清单工程量:
塑料装饰线按设计图示尺寸以长度计算
工程量 = (1 + 2.5) × 2 = 3.5 × 2 = 7.00m
(2)定额工程量:
压条、装饰线条均按延长米计算
计算结果与清单一样,故略去。
清单工程量计算见下表:

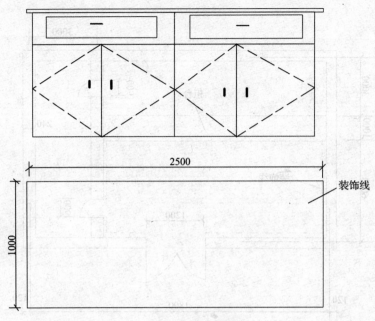

图6-13 储物柜示意图

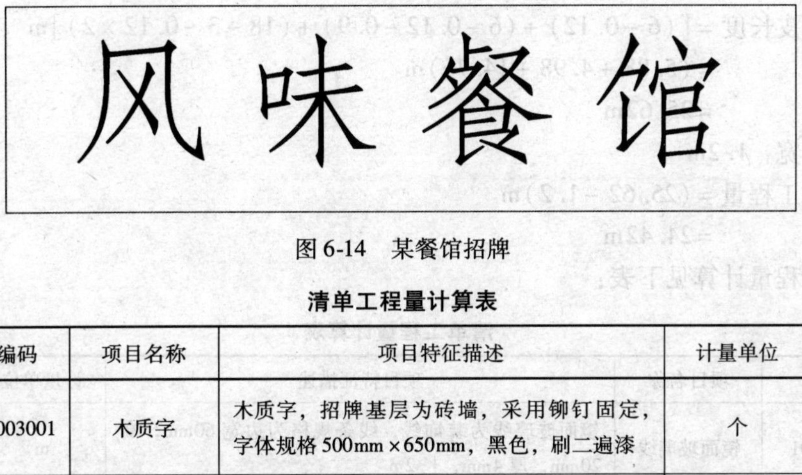

图6-14 某餐馆招牌

清单工程量计算表

序号	项目编码	项目名称	项目特征描述	计量单位	工程量
1	020607003001	木质字	木质字,招牌基层为砖墙,采用铆钉固定,字体规格500mm×650mm,黑色,刷二遍漆	个	4
2	020604007001	塑料装饰线	塑料装饰线为压边线,线条规格为厚30mm,宽50mm,长4m,漆成棕色,两遍	m	7.00

项目编码:020604005 项目名称:镜面玻璃线

【例6-14】 某邮政营业厅如图6-15所示,其内墙装饰,设计要求墙裙上要求用镜面玻璃线进行装饰,其线条规格为边宽为60mm,高为20mm,厚为4mm,长2m,计算装饰线工程量。

【解】(1)清单工程量:
镜面玻璃线按设计图示尺寸以长度计算
其工程量计算如下:

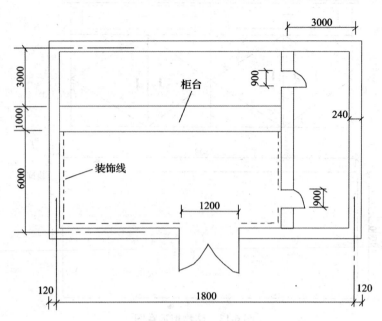

图 6-15 某邮政营业厅平面图

外墙里皮长度 = [(6 - 0.12) + (6 - 0.12 - 0.9) + (18 - 3 - 0.12 × 2)]m
　　　　　　 = (5.88 + 4.98 + 14.76)m
　　　　　　 = 25.62m

扣除门宽：1.2m

装饰线工程量 = (25.62 - 1.2)m
　　　　　　 = 24.42m

清单工程量计算见下表：

清单工程量计算表

项目编码	项目名称	项目特征描述	计量单位	工程量
020604005001	镜面玻璃线	镜面玻璃线为装饰线，线条规格为边宽60mm，高20mm，厚4mm，长2m	m	24.42

(2)定额工程量：

压条、装饰线均按延长米计算

计算结果与工程量清单计算结果一致。

套用消耗量定额 6-096

项目编码：020607001　项目名称：泡沫塑料字

【例 6-15】 如图 6-16 所示，为某一照相馆隔墙。装修时，业主要求安装五个美术字，隔墙为砖墙，美术字采用泡沫塑料字，字体规格为 400mm × 450mm，采用粘贴固定。求美术字工程量。

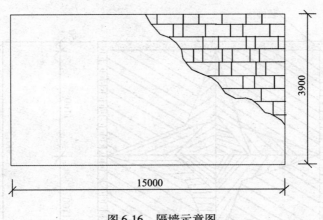

图6-16 隔墙示意图

【解】 (1)清单工程量:
泡沫塑料字按设计图示数量计算
该设计共采用五个美术字,所以此项工程的工程量为5个。
清单工程量计算见下表:

清单工程量计算表

项目编码	项目名称	项目特征描述	计量单位	工程量
020607001001	泡沫塑料字	泡沫塑料字,规格400mm×450mm,粘贴固定	个	5

(2)定额工程量:
美术字安装按字的最大外围矩形面积以个计算
该题中,美术字的规格为400mm×450mm,共为五个
工程量 = 5个(套用消耗量定额6-022)

项目编码:020604003　项目名称:石材装饰线

【例6-16】 如图6-17所示,某银行营业厅铺贴600mm×600mm黄色大理石板,其中有四块拼花,尺寸如图标注,拼花外围采用石材装饰线,规格为边宽为50mm,高为17mm,厚为3mm,试计算装饰线工程量。

【解】 (1)清单工程量:
石材装饰线按设计图示尺寸以长度计算
工程量 = 2.3×4×4m = 36.80m
清单工程量计算见下表:

清单工程量计算表

项目编码	项目名称	项目特征描述	计量单位	工程量
020604003001	石材装饰线	石材装饰线,规格为边宽50mm,高17mm,厚3mm	m	36.80

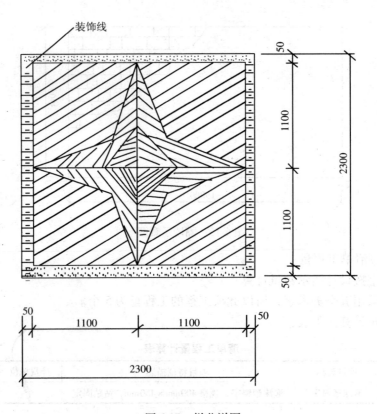

图 6-17 拼花详图

(2)定额工程量：
压条、装饰线条均按延长米计算，计算结果与工程量清单一致。
(套用消耗量定额 6-079)

项目编码：020603001　　项目名称：洗漱台

项目编码：020603009　　项目名称：镜面玻璃

项目编码：020603005　　项目名称：毛巾杆(架)

项目编码：020603008　　项目名称：肥皂盒

【例 6-17】　某工程有客房 20 间，按业主施工图设计，客房卫生间内有大理台洗漱台、镜面玻璃、毛巾架、肥皂盒等配件，如图 6-18 所示，尺寸如下：大理石台板 1800mm×600mm×20mm 侧板宽度为 400mm，开单孔，台板磨半圆边、玻璃镜 1500(宽)×1200(高)mm，不带框、毛巾架 1 套/间，材料为不锈钢，肥皂盒为塑料的 1 个/间，试计算其工程量。

【解】　大理石洗漱台工程量：

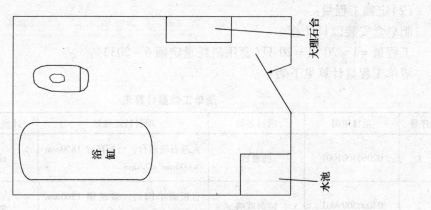

图6-18 卫生间平面图

(1)清单工程量：

按设计图示尺寸以台面外接矩形面积计算。不扣除孔洞、控弯、削角所占面积，挡板、吊沿板面积并入台面内

工程量 = $1.8 \times 0.6 \times 20 m^2 = 21.60 m^2$

(2)定额工程量：

大理石洗漱台以台面投影面积计算（不扣除孔洞面积）

工程量 = $1.8 \times 0.6 \times 20 m^2 = 21.60 m^2$

注：清单工程量与定额工程量一样。套用消耗量定额6-211

镜面玻璃工程量：

(1)清单工程量：

镜面玻璃按设计图示尺寸以边框外围面积计算

工程量 = $1.5 \times 1.2 \times 20 m^2 = 36.00 m^2$

(2)定额工程量：

镜面玻璃安装以正立面面积计算

计算结果与(1)一样，略去。

套用消耗量定额6-113

毛巾杆工程量：

(1)清单工程量：

毛巾杆(架)按设计图示数量计算

工程量 = 1×20 套 = 20 套

(2)定额工程量：

毛巾杆安装以只或副计算

工程量 = 1×20 只 = 20 只（套用消耗量定额6-208）

肥皂盒工程量：

(1)清单工程量：

肥皂盒按设计图示数量计算

工程量 = 1×20 个 = 20 个

(2)定额工程量:

肥皂盒安装以只计算

工程量 = 1×20 只 = 20 只(套用消耗量定额 6-203)

清单工程量计算见下表:

清单工程量计算表

序号	项目编码	项目名称	项目特征描述	计量单位	工程量
1	020603001001	洗漱台	大理石洗漱台,台板尺寸 1800mm×600mm×20mm	m²	21.60
2	020603009001	镜面玻璃	台板磨半圆边、玻璃镜 1500mm(宽)×1200mm(高)	m²	36.00
3	020603005001	毛巾杆(架)	不带框、毛巾架不锈钢	套	20
4	020603008001	肥皂盒	塑料肥皂盒	个	20

项目编码:020601018　项目名称:货架

【例 6-18】 如图 6-19 所示,该货架为某一饰品店货架,规格尺寸如图所示,试计算货架工程量。

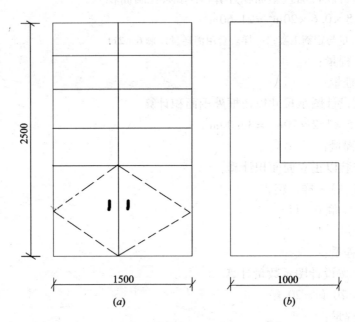

图 6-19 货架示意图
(a)正立面;(b)侧立面

【解】 (1)清单工程量:

货架按设计图示数量计算。

故其工程量为 1 个

清单工程量计算见下表:

清单工程量计算表

项目编码	项目名称	项目特征描述	计量单位	工程量
020601018001	货架	饰品店货架	个	1

(2)定额工程量：

货架、柜橱类均以正立面的高(包括脚的高度在内)乘以宽以平方米计算。

工程量 $= 2.5 \times 1.5 m^2 = 3.75 m^2$(套用消耗量定额 6-121)

尊敬的读者：

感谢您选购我社图书！建工版图书按图书销售分类在卖场上架，共设22个一级分类及43个二级分类，根据图书销售分类选购建筑类图书会节省您的大量时间。现将建工版图书销售分类及与我社联系方式介绍给您，欢迎随时与我们联系。

★ 建工版图书销售分类表（见下表）。

★ 欢迎登陆中国建筑工业出版社网站www.cabp.com.cn，本网站为您提供建工版图书信息查询，网上留言、购书服务，并邀请您加入网上读者俱乐部。

★ 中国建筑工业出版社总编室　　电　话：010—58934845　　传　真：010—68321361

★ 中国建筑工业出版社发行部　　电　话：010—58933865　　传　真：010—68325420
　　　　　　　　　　　　　　　E-mail：hbw@cabp.com.cn

建工版图书销售分类表

一级分类名称（代码）	二级分类名称（代码）	一级分类名称（代码）	二级分类名称（代码）
建筑学（A）	建筑历史与理论（A10）	园林景观（G）	园林史与园林景观理论（G10）
	建筑设计（A20）		园林景观规划与设计（G20）
	建筑技术（A30）		环境艺术设计（G30）
	建筑表现・建筑制图（A40）		园林景观施工（G40）
	建筑艺术（A50）		园林植物与应用（G50）
建筑设备・建筑材料（F）	暖通空调（F10）	城乡建设・市政工程・环境工程（B）	城镇与乡（村）建设（B10）
	建筑给水排水（F20）		道路桥梁工程（B20）
	建筑电气与建筑智能化技术（F30）		市政给水排水工程（B30）
	建筑节能・建筑防火（F40）		市政供热、供燃气工程（B40）
	建筑材料（F50）		环境工程（B50）
城市规划・城市设计（P）	城市史与城市规划理论（P10）	建筑结构与岩土工程（S）	建筑结构（S10）
	城市规划与城市设计（P20）		岩土工程（S20）
室内设计・装饰装修（D）	室内设计与表现（D10）	建筑施工・设备安装技术（C）	施工技术（C10）
	家具与装饰（D20）		设备安装技术（C20）
	装修材料与施工（D30）		工程质量与安全（C30）
建筑工程经济与管理（M）	施工管理（M10）	房地产开发管理（E）	房地产开发与经营（E10）
	工程管理（M20）		物业管理（E20）
	工程监理（M30）	辞典・连续出版物（Z）	辞典（Z10）
	工程经济与造价（M40）		连续出版物（Z20）
艺术・设计（K）	艺术（K10）	旅游・其他（Q）	旅游（Q10）
	工业设计（K20）		其他（Q20）
	平面设计（K30）	土木建筑计算机应用系列（J）	
执业资格考试用书（R）		法律法规与标准规范单行本（T）	
高校教材（V）		法律法规与标准规范汇编/大全（U）	
高职高专教材（X）		培训教材（Y）	
中职中专教材（W）		电子出版物（H）	

注：建工版图书销售分类已标注于图书封底。